高等院校"十三五"应用型艺术设计教育系列规划教材

软装饰设计

主　编　杨一宁　郭春蓉　刘姝珍

副主编　邓莉文　张颖超

参　编　谢　寒　谢青伶

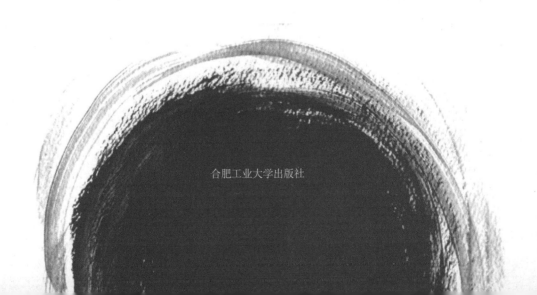

合肥工业大学出版社

图书在版编目（CIP）数据

软装饰设计/杨一宁等主编.—合肥：合肥工业大学出版社，2016.12（2021.3重印）

ISBN 978-7-5650-3136-6

Ⅰ.①软… Ⅱ.①杨… Ⅲ.①室内装饰设计 Ⅳ.①TU238.2

中国版本图书馆CIP数据核字（2016）第312506号

软 装 饰 设 计

主　　编：杨一宁　郭春蓉　刘姝珍　　　责任编辑：王　磊

书　　名：软装饰设计

出　　版：合肥工业大学出版社

地　　址：合肥市屯溪路193号

邮　　编：230009

网　　址：www.hfutpress.com.cn

发　　行：全国新华书店

印　　刷：安徽联众印刷有限公司

开　　本：889mm×1194mm　1/16

印　　张：12.5

字　　数：390千字

版　　次：2016年12月第1版

印　　次：2021年3月第2次印刷

标准书号：ISBN 978-7-5650-3136-6

定　　价：58.00元

发行部电话：0551-62903188

前言

空间设计是一门综合性学科，它涵盖了科学、人体工程、色彩、空间构造等多方面的知识，需要以美学原理为依据，以一定的设计手段与施工技巧来实现。软装饰设计是空间设计的一个重要组成部分，并迅速成为一门独立而富有朝气的艺术行当。

空间不仅是事件的发生地，而且是人们休息的场所。软装饰设计着重于对空间环境的美学提升，注重空间的风格化、体现独特个性化，"以人为本"是软装饰设计的主导思想。软装饰的处理与效果，有赖于敏感、精湛的技术，更有赖于广博的知识。一个空间里的软装饰设计要体现出主人的品位，就要将家具、灯具、纺织品、花艺等进行合理组合，创造出符合美学的空间环境，这就需要足够的智慧。好的软装饰设计能够使得空间回归到真正的生活，融入生活，并且走入人们的心灵，成为人们心灵追求的一部分。软装饰设计不仅可以美化空间环境，而且它还表现出生活的细节，能突出空间的气质，塑造空间的性格，进而烘托出空间的味道。

软装饰设计对于空间不仅赋予了其气质和性格，还在于塑造空间的情感和灵魂。通过软装饰的设计使得空间人情味十足。无论是酒店、会所、家居空间，还是其他公共空间都需要强调情调的渲染，达到人们内心深处的情感，软装饰设计正是这种表达手段。软装饰设计能赋予空间灵动的气息，使得空间不再呆板，能让人的情感融合在空间中。

软装饰设计对于空间来说还在于表现手法既可以淡如水，又可以浓如墨。软装饰在风格、色彩、造型等方面针对不同的消费要求也逐渐展现出个性化设计，未来的软装饰设计兼具功能性与审美特性。

近年来，随着我国经济的高速发展，人们生活水平和品位有非常大的提高，对精神生活的要求也越来越高。软装饰行业也进入了发展的黄金周期，尤其是对高品位软装饰的追求，要求对软装饰设计有更高的要求。根据调查显示，在空间设计中，软装饰设计占据了 70% 甚至更高的比例，这标志着软装饰设计在空间设计中的重要性，也要求软装设计师不仅要具备全面的专业知识，更要有极高的专业素养。为此，我们编写了这本书，以满足相关专业院校师生和广大软装饰爱好者的需要。

本书详细地介绍了软装饰设计的概念、元素及表现手法，可作为高等院校及高职高专院校的教材，也是新手的入门用书，同时也是软装饰设计爱好者或需要者能够"拿来就用"的工具书。本书主要由中南林业科技大学杨一宁等老师编写，参与编写的还有郭春蓉、刘姝珍、邓莉文、张颖超、谢寒、谢青伶等老师。 本书在编写时，参阅了国内外公开发表的文献资料，选用了网络上所提供的材料及设计图片，在此表示感谢。同时，由于编者水平有限，书中难免存在疏漏及不足之处，望读者不吝赐教。

编 者
2017.1

目录
contents

第一章　软装饰设计概论

第一节　软装饰设计的概念

所谓软装饰设计，就是室内空间在前期建筑物结构表面的基础设施完成之后，再进行的易移动元素的空间装饰，比如家具、窗帘、地毯、灯具、墙纸等与室内装修风格进行的搭配设计，也叫软装或陈列设计。

软装饰设计是一门综合性的学科。它涵盖了建筑设计、室内设计、视觉设计、各国人文历史、风俗习惯、人体工程学等，是居住空间达到舒适及卖场终端空间最有效的营销手段。软装饰设计主要通过家具、灯饰、窗帘、地毯、画品、植物花卉等一系列的元素进行有组织的规划，从而达到室内空间视觉与心理的舒适感。

软装饰设计不仅仅是简单的会布置家具、窗帘、灯具、地毯等。一个好的作品需要设计者既要有扎实的设计基础知识，还要对各种风格的人文历史有深刻的认识。

第二节　软装饰设计的目的

软装饰设计作为非商业性的活动，主要目的是使得环境美观、舒适和实用。

1. 美观

软装饰设计可以使静止的家具等变成大家关注的目标，尤其是对你想突出表现的空间或配饰饰品，通过整体风格、色彩等搭配使得整个空间成为舒适而美丽的焦点，从而让人产生视觉的享受。

2. 整洁、规范、实用

空间一定要干净，家具、灯具等都要一尘不染。室内家居空间是有限空间，人要在里面购置的大部分产品都必须是实用的，不占用和浪费空间。家居配饰品使得家里的储物空间必须足够以保证家里的储物，也能使得家里看起来更整洁干净。

图 1 - 1

3. 合理、和谐

空间规范科学合理，符合人的居住习惯及人体工程学，空间的整体配饰要和谐统一，同时注意空间的风格、色彩等的协调。

4. 时尚、风格

在现代社会中，时尚渗透到我们生活的方方面面，要注意色彩的搭配，在做配饰搭配的时候要注意具有个性和风格以达到视觉美感的同时也要舒适。

5．家的传承

住宅室内空间很重要的一点是对家的传承，比如一个桌子、一张床或一个小的饰品都可以呈现出一个美丽的故事和历史的痕迹，那是对一个家深深的情感。（图1-1）

第三节　人体工程学在软装饰设计中的应用

人体工程学在是20世纪50年代发展起来的一门交叉性学科，它融合了技术科学、人类学、心理学等。人体工程学涉及的范围很广，其中尺度和视觉对我们的空间搭配影响最大。

一、尺度

尺度就是研究人体和室内空间，家具配饰之间比例、大小的问题。住宅室内空间家居中所有的空间尺度、配饰尺寸要素都要围绕人体来设计、规划和陈列。人的活动路径、浏览方式、动作都是在配饰设计之前要研究和考虑的问题。尺度要考虑三个方面的因素。

（1）配饰产品要符合空间大小规格。

（2）配饰设计的方式要符合人的生活的基本特征。如客厅的茶几太高，如果躺在沙发上就看不见电视；或过窄的过道使得人进入有不舒适感。

（3）要和整体居住的空间比例协调。合理、和谐的空间是建立一个理想家居环境的前提。

二、视觉

1．视觉的流程

所谓视觉流程，就是人的视觉在接受外界信息时的流动程序。这是因为人的视野极为有限，不能同时感受所有的物象，必须按照一定的流动顺序进行运动，来感知外部环境。软装饰设计的视觉流程是一种"空间的运动"，是视线随各元素在空间沿一定轨迹运动的过程。

2．视觉流程的规律

人们是怎样看空间物品的？

对感觉的研究使我们能够得出一些关于我们是怎样看空间物体的结论。研究者们发现，我们眼睛浏览空间物体时不是处在一种连续不断的扫视之中，而是有一系列短暂的停顿和跳跃。这种间断不完全是任意的。记住这一点，我们应注意下列一些情况。

①眼睛有一种停留在一个空间画面左上角的倾向。

②眼睛总是顺时针看一个空间的物品。

③眼睛总是首先看到空间里面的人，然后是注意诸如云彩、汽车等移动的物体，最后才注意到固定的物体。

既然我们都有一种从左到右、从上到下观察物体的习惯，毫无疑问，追寻这些视觉规律构建你的空间画面是最好的方式。

视线流程规律有以下几点：

①当某一视觉信息具有较强的刺激度时，就容易为视觉所感知，人的视线就会移动到这里，成为有意

识注意，这是视觉习惯的第一阶段。

②当人们的视觉对信息产生注意后，视觉信息在形态和构成上具有强烈的个性，形成周围环境的相异性，因而能进一步引起人们的视觉兴趣，在物象内按一定顺序进行流动，并接受其信息。

③人们的视线总是最先对准刺激力强度最大之处，然后按照视觉物象各构成要素刺激度由强到弱的流动，形成一定的顺序。

④视线流动的顺序，还要受到人的生理及心理的影响。由于眼睛的水平运动比垂直运动快，因而在视察视觉物象时，容易先注意水平方向的物象，然后才注意垂直方向的物象。人的眼睛对于画面左上方的观察力优于右上方，对右下方的观察力又优于左下方。

⑤由于人们的视觉运动是积极主动的，具有很强的自由选择性，往往是选择所感兴趣的视觉物象，而忽略其他要素，从而造成视觉流程的不规划性与不稳定性。

⑥组合在一起具有相似性的因素，具有引导视线流动的作用，如形状的相似、大小的相似、色彩的相似、位置的相似。可以说视觉流程运用得好坏，是设计师设计技巧是否成熟的表现。

根据视觉流程的规律，人在浏览配空间饰品的时候，首先是用眼睛看，然后是感受。因此配饰的高度设计，除了考虑人的视觉还需要考虑到人的身体尺寸和肢体活动幅度等因素。

以我国人体平均高度大约为 165~168cm 计算，人的眼睛位置大约为 150~152cm，人体的有效视线范围大约是 49.5 度。按照人在室内空间配饰品前常规的观看距离和角度，有效的视线范围一般在 70~180cm。根据尺度和视觉原理，再进行综合考虑，通常把配饰品分为三个区域：印象配饰空间、核心配饰空间、配搭配饰空间。

可以发现在 70~180cm 这个区域内，是人最容易看到和取物的位置，通常配饰陈列主要的东西，因此成为核心配饰区；另外还把室内空间中 70cm 以下称为配搭空间；180cm 以上的空间由于太高，不容易取物，因此叫作印象空间。

了解人体工程学结构，有助于我们更好地搭配空间产品。（图 1-2）

3. 视觉流程的形式

软装饰设计里，若分出一条直线或曲线时，其空间就被分割了。视觉流程可以从理性与感性、方向关系的流程与散点流程来分析。方向关系的流程强调逻辑，注重空间流动的清晰脉络，似乎有一条线、一股气贯穿其内，使整个空间的运动趋势有"主体旋律"，细节与主体犹如树干与树枝一样和谐。

方向关系流程较散点关系流程更具理性色彩。

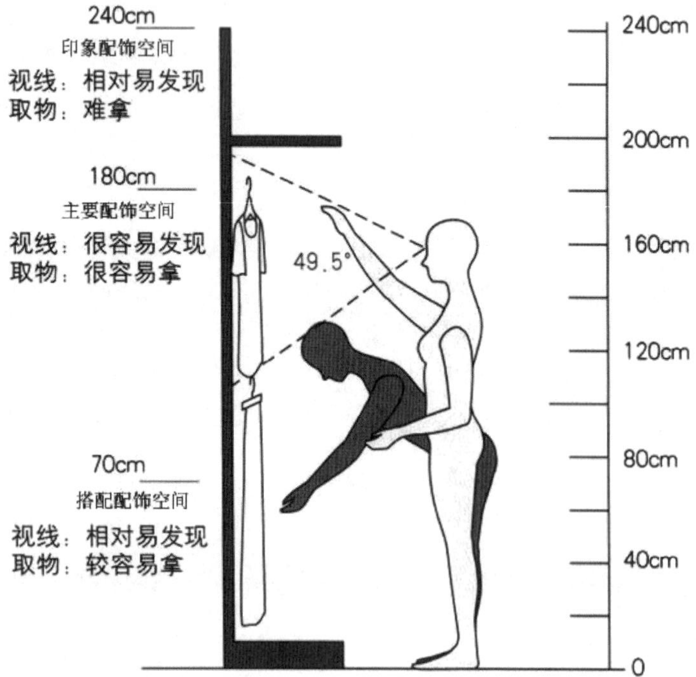

图 1-2 人体工程学组合

（1）单向视觉流程

① 竖向视觉流程

引导我们的视线作上下流动，具有坚定、直观的感觉。

② 横向视觉流程

引导我们的视线向左右流动，给人稳定、恬静之感。

③ 斜向视觉流程

比之水平、垂直线有更强的视觉诉求力，会把我们的视线往斜方向引导，以不稳定的动态引起注意。斜向的线折线按其内角情况而向各自的方向流动。

（2）曲线视觉流程

曲线视觉流程不如单向视觉流程直接简明，但更具韵味、节奏和曲线美。它可以是弧线形"C"，具有饱满、扩张和一定的方向感。也可以是回旋形"S"，产生两个相反的矛盾回旋，在空间中增加深度和动感。

（3）重心视觉流程

一是从空间陈列重心开始，然后顺沿形象的方向与力度的倾向来发展视线的进展。

二是向心、离心的视觉运动。重心视觉诱导流程使主题更为鲜明突出而强烈。

重心在物理学上是指物体内部各部分所受重力的合力的作用点，对一般物体求重心的常用方法是：用线悬挂物体，平衡时，重心一定在悬挂线或悬挂线的延长线上；然后握悬挂线的另一点，平衡后，重心也必定在新悬挂线或新悬挂线的延长线上，前后两线的交点即物体的重心位置。在空间配饰设计中，任何形体的重心位置都和视觉的安定有紧密的关系。人的视觉安定与造型的形式美的关系比较复杂，人的视线接触空间画面，视线常常迅速由左上角到左下角，再通过中心部分至右上角经右下角，然后回到以空间画面最吸引视线的中心视圈停留下来，这个中心点就是视觉的重心。

（4）反复视觉流程

相同或相似的视觉要素作规律、秩序、节奏的逐次运动。视线之流动就会从一个方向往另一个方向流动。虽不如单向、曲线和重心流程运动强烈，但更富于韵律和秩序美。

（5）导向视觉流程

通过诱导元素，主动引导人们视线向一定方向顺序运动，由主及次，把空间画面各构成要素依序串联起来，形成一个有机整体，使重点突出，条理清晰，发挥最大的信息传达功能。

（6）散点视觉流程

强调感性、自由随机性、偶合性、空间感和动感。追求新奇、刺激的心态，常表现为较随意的陈列形式。它的视觉过程不如直线、弧线等流程快捷，但更生动有趣。也许这正是空间刻意追求的轻松随意与慢节奏的效果。

（7）最佳视域

即空间配饰设计时将重要的信息或视觉流程的停留点安排在注目价值最高的位置。

4．视觉流程运动中应注意的事项

（1）视觉流程的逻辑性

首先要符合人们认识的心理顺序和思维活动的逻辑顺序，故而空间构成要素的主次顺序应该与其吻合一致。

（2）视觉流程的节奏性

节奏作为一种形式的审美要素，不仅能提高人们的视觉兴趣，而且在形式结构上也利于视线的运动。它在构成要素之间位置上要造成一定的节奏关系，使其有长有短，有急有缓，有疏有密，有曲有直，形成心理的节奏，以提高人们的观看兴趣。

（3）视觉流程的诱导性

软装饰设计上，十分重视如何引导人们的视线流动。设计师可以通过适当的流程设计，左右人们的视线，使其按照设计意图进行顺序流动。

第二章　软装饰设计形态构成

第一节　形态构成的概念

形态是指事物的形态或表现。软装饰设计的形态构成，就像家居在室内空间中呈现的造型和组合方式。

每个软装饰设计本身有不同的造型——样式。有些产品按照风格摆放，有些按照颜色来摆放，有些按照种类来摆放，有些按照高矮来摆放。比如一个茶几随便放置于一个角落会觉得档次不够，觉得不好看，但是配上桌旗、花瓶、水果盘，再打上灯光，那效果就完全不一样了。档次一下提升，由此软装饰设计非常重要。

第二节　形态的原则

一、保持次序感

大部分人是愿意在一个很整洁干净的空间中停留或居住，整齐和有序的空间不仅使人在视觉上感到舒服，同时也可以帮助人迅速地找到自己想要找的东西，节省时间。

因此室内空间中的物品造型，首先要打理得整整齐齐，空间物品分类放好，排列要有序和规律，要根据人的视觉习惯和生活习惯来放置物品。

二、体现整体和谐性

宇宙万物尽管形态千变万化，但它们都各按照一定的规律而存在，大到日月运行、星球活动，小到原子结构的组成和运动，都有各自的规律。爱因斯坦指出：宇宙本身就是和谐的。和谐的广义解释是：判断两种以上的要素，或部分与部分的相互关系时，各部分所给我们的感受和意识是一种整体协调的关系。和谐的狭义解释是统一与对比两者之间不是乏味单调或杂乱无章。单独的一种颜色、单独的一根线条无所谓和谐，几种要素具有基本的共通性和融合性才称为和谐。比如一组协调的家居形态，一些排列有序的近似图形等。和谐的组合也保持部分的差异性，但当差异性表现为强烈和显著时，和谐的格局就向对比的格局转化。

三、展示美感

具有美感的空间使得空间的档次感上升。一个好的空间需要展示其美感和舒适性，这也能展示出居住者的品位和审美情趣。一个美的空间总是会让人留下深刻的印象，并且愿意多停留。它能给人视觉上的享受和心理上的满足。

四、保持风格

软装饰设计的造型必须和既定的风格相吻合，风格如人的性格。一个居住者的空间可以判断出居住者喜爱的风格和事物，从而感受到他的性格。只有把室内空间配饰的风格和居住者的性格相结合起来设计，居住者才会在自己的空间感受到喜爱和满足，不然会对空间有排斥感而不愿意在此多停留。

五、产生联想与意境

空间画面通过视觉传达而产生联想，达到某种意境。联想是思维的延伸，它由一种事物延伸到另外一种事物上。例如图形的色彩：红色使人感到温暖、热情、喜庆等；绿色则使人联想到大自然、生命、春天，从而使人产生平静感、生机感、春意等等。各种视觉形象及其要素都会产生不同的联想与意境，产生联想，到达一种想要的意境，才会乐于其中。

第三节　形态构成方式

作为室内配饰设计师，要对室内空间中的家居进行二度塑造，前提是必须充分了解室内空间配饰的特点，了解陈列形态构成的美学原理，同时要掌握基本的软装饰设计的技巧。才能把室内空间的配饰设计工作做得游刃有余。美妙的造型可以将室内空间配饰变得像一件艺术品，即使在静止的状态下，也能呈现一种美感，并且用无声的语言来引起人们的喜爱。

一、形态构成基本原理

不同的形态给人不同的感受，软装饰设计的形态构成首要从平面构成的基本原理来分析。

物体的粗细、长短、形状、排列的不同都会使人产生不同的感受。

通过对室内空间各元素之间的组合，可以获得丰富多彩的效果，这些千变万化的效果，总体可以规划称两种类型：一种呈现次序的美感，另外一种打破常规的美感。前者给人一种平和、安全、稳定的感觉；后者表现刺激、个性、活泼的感觉。

每个人都有追求安宁、和谐的心理，一个吸引人们的家居环境应该是明亮、舒适、有序的。住宅室内空间中首先要有一种序列感。不仅家具要规划整齐，相应的配饰的陈列方式也要有规则。但事物总有相反的方面，过于规则的住宅室内环境常常会显得比较呆板。因此，就是要在一个规则的环境中制造一些变化，使其产生生动的效果，从而吸引人们的目光，常见手法是在室内环境中进行局部的点缀性陈列。

两种类型的配饰设计要进行合理的穿插和结合，同时要掌握其相互之间的比例。过于规则会显得呆板，过于随意则显得凌乱。

两种风格的配饰设计都可以出现在住宅环境中，但从人们审美习惯来看，有次序的美感在住宅空间中应该更广泛些，因为它比较符合人们的欣赏习惯。

二、形态构成基本元素

1．点

（1）点的概念。在几何学上点是没有大小，没有方向，仅有位置的。在平面构成中形态构成要素之一点是造型艺术中最小的构成单位。在造型空间设计上点却是有形状、大小和位置之分的。就大小而言，越小的点作为点的感觉越强烈。

（2）点的形态。点一般被认为是最小的并且是圆形的，但实际上点的形式是多种多样的，有圆形、方形、三角形、梯形、不规则形等，自然界中的任何形态缩小到一定程度都能产生不同形态的点。点作为相对一种形态具有稳定的性格特征，不同的点具有不同的性格，不同的点给人不同的视觉感受。（图2-1）

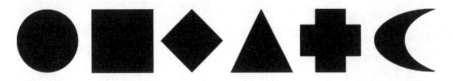

图2-1

圆点：饱满、充实、运动，缺乏稳定感。

方点：稳定、坚实、静止，缺乏运动感。

正三角形：稳定、规则、尖锐，缺乏亲和感。

不规则点：自由、随意。

点的不同排列和组合可以产生不同的形态特征，通过巧妙的排列组合应用于空间设计中能表现出丰富和具有魅力的感情色彩和视觉效果。

（3）视觉特征：点的基本属性是注目性，点能形成视觉中心，也是力的中心。也就是说当画面有一个点时，人们的视线就集中在这个点上，因为单独的点本身没有上、下、左、右的连续性，所以能够产生视觉中心的视觉效果。（图2-2）

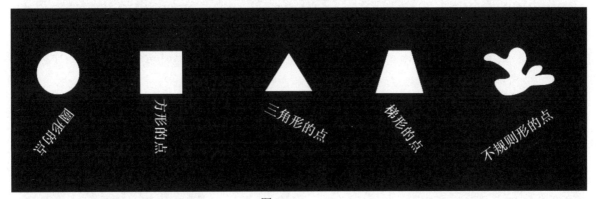

图2-2

当单个的点在空间画面中的位置不同产生的心理感受也是不同的。居中会有平静、集中感；偏上时会有不稳定感，形成自上而下的视觉流程；位置偏下时，空间画面会产生安定的感觉，但容易被人们忽略。位于空间画面三分之二偏上的位置时，最易吸引人们的观察力和注意力。（图2-3）

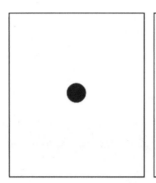

图 2-3

图 2-4

当空间画面中有两个大小不同的点，大的点首先引起人们的注意，但视线会逐渐地从大的点移向小的点，最后集中到小的点上，点大到一定程度具有面的性质，越大越空乏，越小的点积聚力越强。（图 2-4）

当空间画面中有两个相同的点时，并各自有它的位置时，它的张力作用就表现在连接这两个点的视线上，视觉心理上产生连续的效果，会产生一条视觉上的直线。当空间画面中有三个散开的三个方向的点时，点的视觉效果就表现为一个三角形，这是一种视觉心理反应。当空间画面中出现三个以上不规则排列的点时，空间画面就会显得很零乱，使人产生烦躁的感觉。当空间画面中出现若干大小相同的点规律排列时，空间画面就会显得很平稳、安静并产生面的感觉。（图 2-5）

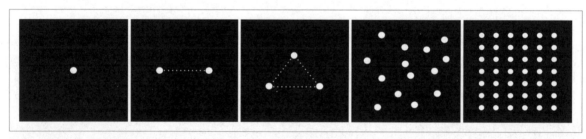

图 2-5

点的线化：由于点与点之间存在着张力，点的靠近会形成线的感觉，我们平时画的虚线就是这种感觉。（图 2-6）

图 2-6

(4) 点的错视，是指点在不同的环境下产生错误的视觉现象。

① 明亮的点有处于前面的感觉并且感觉大，黑色的点有后退并且有点小的感觉。(图 2-7)

② 本来有两个一样大小的点，由于一个点的周围是小点，一个点的周围是大点，这时产生的错视现象是原本两个相同的点产生大小不同的感觉。(图 2-8)

③ 相同的点由于受到夹角的影响，会产生大小不同的感觉。(图 2-9)

(5) 点的构成方法：

① 不同大小、疏密的点混合排列，可以成为散点式的构成形式。(图 2-10)

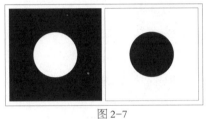 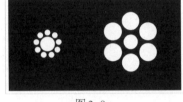 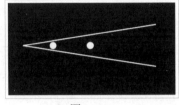

图 2-7　　　　　　　　　　图 2-8　　　　　　　　　　图 2-9

② 将大小一致的点按一定的方向进行有规律的排列，给人的视觉留下一种由点的移动而产生线化的感觉。(图 2-11)

③ 以由大到小的点按一定的轨迹、方向进行变化，使之产生一种优美的韵律感。(图 2-12)

④ 把点以大小不同的形式，进行有序的排列，产生点的面化感觉。(图 2-13)

⑤ 将大小一致的点以相对的方向，逐渐重合，产生微妙的动态视觉。(图 2-14)

⑥ 不规则的点能形成活泼的视觉效果。(图 2-15)

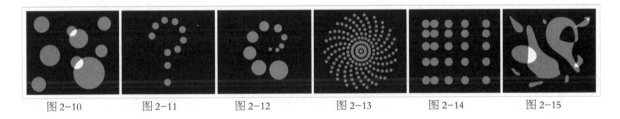

图 2-10　　　　图 2-11　　　　图 2-12　　　　图 2-13　　　　图 2-14　　　　图 2-15

2．线

（1）线的概念。与点强调位置与聚集不同，线更强调方向与外形。线是点移动的轨迹。线游离于点和形之间，具有位置、长度、宽度、方向、形状和性格等属性。用不同的绘画工具画的线感觉也不同。线在设计中变化万千，在设计中是不可缺少的元素。(图 2-16)

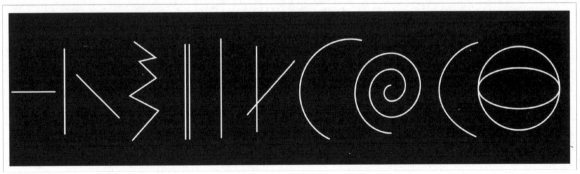

图 2-16

(2) 线的形态：线概括起来分两大类，即直线和曲线。

直线：垂直线、水平线、斜线、折线、平行线、虚线、交叉线。

曲线：几何曲线 (弧线、旋涡线、抛物线、圆)、自由曲线。

(3) 线的视觉特征：线在构成中起着非常重要的作用。不同的线有不同的感情性格，线有很强的心理暗示作用。线最善于表现动和静，直线表现静，曲线表现动，曲折线则有不安定的感觉。直线具有男性的特点，有力度、稳定，直线中的水平线平和、寂静，使人联想风平浪静的水面，远方的地平线；而垂直线则使人联想到树、电线杆、建筑物的柱子，有一种崇高的感受；斜线则有一种速度感。直线还有粗细之分，粗直厚重，粗笨的感觉，细直线有一种尖锐、神经质的感觉。曲线富有女性化的特征，具有丰满、柔软、优雅、浑然之感。几何曲线是用圆规或其他工具绘制的具有对称和秩序的差、规整的美。自由曲线是徒手画的一种自然的延伸，自由而富有弹性。

(4) 线的错视：灵活的运用线的错视可使画面获得意想不到的效果。但有时则要进行必要调整，以避免错视所产生的不良效果。

平行线在不同附加物的影响下，显得不平行。（图 2-17 至图 2-19）

直线在不同附加物的影响下呈弧线状。（图 2-20）

同等长度的两条直线，由于它们两端的形不同，感觉长短也不同。（图 2-21）

同样长短的直线，竖直线感觉要比横直线长。（图 2-22）

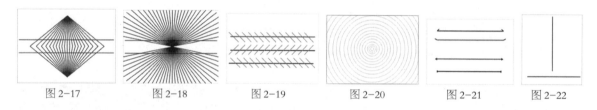

图 2-17　　　　　图 2-18　　　　　图 2-19　　　　　图 2-20　　　　　图 2-21　　　　　图 2-22

(5) 线的构成方法：

① 面化的线（等距的密集排列）。（图 2-23）

② 疏密变化的线（按不同距离排列），透视空间的视觉效果。（图 2-24）

③ 粗细变化空间，虚实空间的视觉效果。（图 2-25）

④ 错觉化的线（将原来较为规范的线条排列作一些切换变化）。（图 2-26）

⑤ 立体化的线。（图 2-27）

⑥ 不规则的线。（图 2-28）

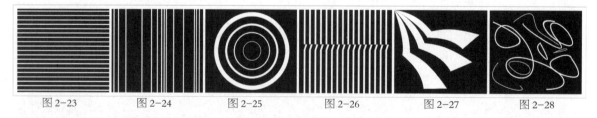

图 2-23　　　　　图 2-24　　　　　图 2-25　　　　　图 2-26　　　　　图 2-27　　　　　图 2-28

3. 面

(1) 面的概念：面是线的移动至终结而形成的，在平面空间面有长度、宽度，没有厚度。在立体空间面有长度、宽度和厚度。

① 直线平行移动可形成方形的面。（图 2-29）
② 直线旋转移动可形成圆形的面。（图 2-30）
③ 斜线平行移动可形成菱形的面。（图 2-31）
④ 直线一端移动可形成扇形的面。（图 2-32）

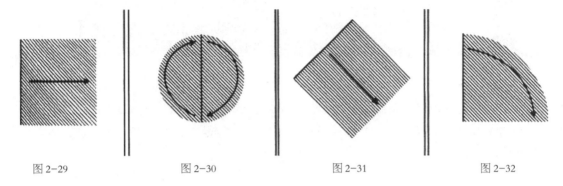

图 2-29　　　　　　图 2-30　　　　　　图 2-31　　　　　　图 2-32

(2) 面的形态：

①直线形

几何直线形：指有固定角度的形。如：方形、三角形、菱形。

自由直线形：不受角度限制的任意形。

②曲线形

几何曲线形：指具有固定半径的曲线。

自由曲线形：不具有几何秩序的曲线形。

偶然性：特殊技法偶然得出。

(3) 面的视觉特征：面的形态是多种多样的，不同的形态的面，在视觉上有不同的作用和特征，直线形的面具有直线所表现的心理特征，有安定、秩序感，男性的性格（图 2-33）。曲线形的面具有柔软、轻松、饱满感，女性的象征（图 2-34）。偶然形的面，如水和油墨，混合墨洒产生的偶然形等，比较自然生动，有人情味。（图 2-35）

图 2-33　　　　　　　　图 2-34　　　　　　　　　　图 2-35

(4) 面的错视：同样大小的圆感觉上面大下面小，亮的大些，黑的小些，像我们写美术字时应注意到上紧下松的原则。还有像数字"8""3"及字母"B""S"，理论上来讲上下应该是一样比例的，但为了使其看来来美观、均衡一些，在书写时要把上面写得稍小一点，这样才能达到一种结构合理的效果。（图 2-36）

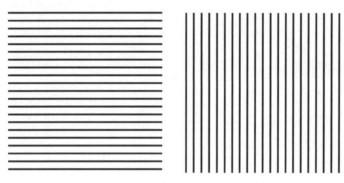

图 2-36

用等距离的垂直线和水平线来组成两个正方形，它的长宽感觉不一样，水平线组成的正方形，给人感觉稍高些，而垂直线组成的正方形则使人感觉稍微宽些。所以穿竖格服装的人显得更高一点，横格的则显得矮些。（图 2-37）

图 2-37

(5) 面的构成方法：

①几何形的面，表现规则、平稳，较为理性的视觉效果（等距密集排列）。（图 2-38）

②自然形的面，不同外形的物体以面的形式出现后，给人以更为生动的视觉效果。（图 2-39）

③徒手的面，给人以随意、亲切的感性特征。（图 2-40）

④有机形的面，得出柔和、自然、抽象的面的形态。（图 2-41）

⑤偶然形的面，自由、活泼而富有哲理性。（图 2-42）

⑥人造形的面，较为理性的人文特点。（图 2-43）

图 2-38　　　图 2-39　　　图 2-40　　　图 2-41　　　图 2-42　　　图 2-43

三、组合表现方式

1. 对称法：假定在一个画面的中央设定一条垂直线，将画面分为相等的左右两个部分，其左右两个部分的画面完全相等，这就是对称画面。

自然界中到处可见对称的形式，如鸟类的羽翼、花木的叶子等。所以，对称的形态在视觉上有自然、安定、均匀、协调、整齐、典雅、庄重、完美的朴素美感，符合人们的视觉习惯。在空间画面中运用对称法则要避免由于过分的绝对对称而产生单调、呆板的感觉，有的时候，在整体对称的格局中加入一些不对称的因素，反而能增加空间画面的生动性和美感，避免了单调和呆板。（图2-44）

图2-44

2. 均衡：在衡器上两端承受的重量由一个支点支持，当双方获得力学上的平衡状态时，称为平衡。在室内配饰设计上的平衡并非实际重量 × 力矩的均等关系，而是根据形象的大小、轻重、色彩及其他视觉要素的分布作用于视觉判断的平衡。室内配饰设计上通常以视觉中心（视觉冲击最强的地方的中点）为支点，各构成要素以此支点保持视觉意义上的力度平衡。在实际生活中，平衡是动态的特征，如人

图2-45

体运动、鸟的飞翔、野兽的奔驰、风吹草动、流水激浪等都是平衡的形式，因而平衡的构成具有动态感。(图2-45)

3．重复：以一个基本单形为主体在基本格式内重复排列，排列时可作方向、位置变化，具有很强的形式美感。(图2-46)

图2-46

4．近似：骨骼与基本形变化不大的形式，称为近似。近似的骨骼可以是重复或是分条错开，但近似主要是以基本形的近似变化来体现的。(图2-47)

图2-47

5．对比：对比又称对照，把反差很大的两个视觉要素成功地配列于一起，虽然使人感受到鲜明强烈的感触而仍具有统一感的现象称为对比，它能使主题更加鲜明，视觉效果更加活跃。对比关系主要通过视觉形象色调的明暗、冷暖，色彩的饱和与不饱和，色相的迥异，形状的大小、粗细、长短、曲直、高矮、凹凸、宽窄、厚薄，方向的垂直、水平、倾斜，数量的多少，排列的疏密，位置的上下、左右、高低、远近，形态的虚实、黑白、轻重、动静、隐现、软硬、干湿等多方面的对立因素来达到的。它体现了哲学上矛盾统一的世界观。对比法则广泛应用在现代设计当中，具有很大的实用效果。(图2-48)

6．节奏和韵律：节奏本是指音乐中音响节拍轻重缓急的变化和重复。节奏这个具有时间感的用语在室内空间配饰设计上是指

图2-48

以同一视觉要素连续重复时所产生的运动感。韵律原指音乐（诗歌）的声韵和节奏。诗歌中音的高低、轻重、长短的组合，匀称的间歇或停顿，一定地位上相同音色的反复及句末、行末利用同韵同调的音相加以加强诗歌的音乐性和节奏感，就是韵律的运用。软装饰设计中单纯的单元组合重复易于单调，由有规则变化的形象或色群间以数比、等比处理排列，使之产生音乐、诗歌的旋律感，称为韵律。有韵律的构成具有积极的生气，有加强魅力的能量。（图 2-49）

图 2-49

7. 特异：在一种较为有规律的形态中进行小部分的变异，以突破某种较为规范的单调的构成形式，特异构成的因素有形状、大小、位置、方向及色彩等，局部变化的比例不能过大，否则会影响整体与局部变化的对比效果。（图 2-50）

图 2-50

8. 肌理：凡凭视觉即可分辨的物体表面之纹理，称为

图 2-51

肌理。在住宅配饰设计空间中，不同材质的装修材料、家具、饰品等形成不同的肌理效果。（图 2-51）

9. 发射：发射形式（以一点或多点为中心，呈向周围发射、扩散等视觉效果，具有较强的动感及节奏感）。格线和基本形呈发射状的形式，称为发射。此种类是骨骼线和基本形用离心式、向心式、同心式以及几种发射形式相叠而组成的。其中，发射状骨骼可以不纳入基本形而单独组成发射形式；发射状基本形也可以不纳入发射骨骼而自行组成较大单元的发射形式；此外，还可以在发射骨骼中依一定规律相间填色而组成发射。（图 2-52）

图 2-52

10. 渐变：把基本形体按大小、方向、虚实、色彩等关系进行渐次变化排列的形式，骨格与基本形具有渐次变化性质的形式，称为渐变。渐变有两种形式：一是通过变动骨骼的水平线、垂直线的疏密比例取得渐变效果；一是通过基本形的有秩序、有规律、循序的无限变动（如迁移、方向、大小、位置等变动）而取得渐变效果。此外，渐变基本形还可以不受自然规律限制从甲渐变成乙，从乙再变为丙，例如将河里的游鱼渐变成空中的飞鸟，将三角渐变成圆等。

11. 结集：密集构成是指比较自由性的形式，包括预置形密集与无定形密集两种。预置形密集是依靠在画面上预先安置的骨骼线或中心点组织基本形的密集与扩散，即以数量相当多的基本形在某些地方密集

图 2-53

起来，而从密集又逐渐散开来。无定形的密集，不预置点与线，而是靠画面的均衡，即通过密集基本形与空间、虚实等产生的轻度对比来进行。基本形的密集，须有一定的数量、方向的移动变化，常带有从集中到消失的渐移现象。此外，为了加强密集的视觉效果，也可以使基本形之间产生复叠、重叠和透叠等变化，以加强基本形的空间感。(图 2-53)

12. 借景：有收无限于有限之中的妙用，有意识地把园外的景物"借"到室内空间范围中来，或是把室内空间中某个画面利用镜面效果"借"到空间的另外一个画面中。借景因距离、视角、时间、地点等不同而有所不同，通常可分为直接借景和间接借景。

直接借景是一种借助室外空间的景观衍生到室内空间的一种空间画面的融合。间接借景是一种借助水面、镜面映射与反射物体形象的构景方式。由于静止的水面能够反射物体的形象而产生倒影，镜面或光亮的反射性材料能映射出相对空间的景物，所以，这种景物借构方式能使景物视感格外深远，有助于丰富自身表象以及四周景色，构成绚丽动人的空间画面。(图 2-54)

13. 呼应；谓有叫有答，一呼一应，互相联系。在空间配饰设计中，需要在色彩、造型、风格等方面有呼应，不然整个室内空间会显得凌乱而不整体。(图 2-55)

14. 比例：是指部分与部分，或部分与全体之间的数量关系。比例是空间配饰设计中一切单位大小，以及各单位间编排组合的重要因素。比例是部分与部分或部分与全体之间的数量关系。它是精确详密的比率概念。人们在长期的生产实践和生活活动中一直运用着比例关系，并以人体自身的尺度为中心，根据自

图 2-54   图 2-55

身活动的方便总结出各种尺度标准，体现于衣食住行的器用和工具的制造中。比如早在古希腊就已被发现

图 2-56

的至今为止全世界公认的黄金分割比 1：1.618 正是人眼的高宽视域之比。恰当的比例则有一种协调的美感，成为形式美法则的重要内容。美的比例是空间设计中一切视觉单位的大小以及各单位间编排组合的重要因素。

15. 重心：空间画面的中心点，就是视觉的重心点，空间画面图像的轮廓的变化，形的聚散，色彩或明暗的分布都可对视觉中心产生影响。(图 2-56)

第三章　软装饰设计的风格和流派

第一节　住宅空间配饰设计的风格

风格即风度品格，它体现创作中的艺术特色和个性。风格根据室内布置、线型、色调以及家具、陈设的造型等可以分为：

1. 西方传统风格。包括罗马式风格、哥特式风格、文艺复兴式风格、巴洛克式风格、洛可可式风格、路易十四式风格、新古典主义风格等。

2. 东方传统风格。包括中式风格、东南亚传统风格等。

3. 现代风格。包括现代风格和后现代风格。

4. 地中海风格。可分西班牙式、希腊式、南意大利式、法国南部式、北非式等。

5. 自然风格。包括法式乡村风格、美式乡村风格等。

6. 混合风格。

下面是一些配饰设计的风格：

一、罗马

公元前 27 年罗马皇帝时代开始，室内装饰结束了朴素、严谨的共和时期风格，开始转向奢华。罗马式的这个名称是 19 世纪开始使用的，含有"与古罗马设计相似"的意思。它是指西欧于 11 世纪晚期发展起来并成熟于 12 世纪的建筑样式。

这一时期的主要特点是其结构来源于古罗马的建筑构造方式，即采用了典型的罗马拱券结构和半圆形拱顶。由于罗马建筑是由教堂建筑衍化而来，房屋建筑多采用前花园后天井的建筑规划。

这类室内建筑窗少、室内阴暗，因此多采用室内浮雕、雕塑的装饰来体现庄重美和神秘感。将拱形设计巧妙地融入室内装饰空间，充分展现这种设计功能性和装饰性兼具的效果；在空间布局上采用中轴线对称的方法，以神坛两边的座位和柱廊呈现平行对称分布，显得庄重而典雅；房屋内部装饰精美，在没有窗户的墙壁上通常都进行镶框装饰，并绘制精美壁画，与住宅空间结构自然融合在一起；柱子的高度和间隔宽度遵循和谐的比例，柱子顶部采用半圆形券，形成连续而有节奏的韵律美；地面一般采用精美的彩色地砖进行铺贴，实用美观，而且展现了家族的财力与地位。典型住宅为列柱式中庭，有前后两个庭院，前庭中央有大天窗和接待室，后庭为家属用的各个房间，中央为祭祀祖先和家神之用，并有主人的接待室。在其他元素上的特点，用珍贵的织物来制作家具坐垫和进行装饰。代表建筑有意大利比萨大教堂、圣马可教堂和英国的沃尔姆斯教堂等。（图 3-1、图 3-2）

配饰元素有：① 古罗马家具设计多从古希腊衍化而来，家具厚重、装饰复杂而精细，全部由高档的木材镶嵌美丽的象牙或金属装饰打造而成；② 家具造型参考建筑特征，多采用三腿和带基座的造型，增强坚固度；③ 用珍贵的织物来制作家具坐垫和进行室内装饰。

图 3-1 古罗马斗兽场　　　　　　　　　　　　　　　　　　　　　　图 3-2 比萨大教堂

二、哥特

哥特式风格始于 12 世纪中叶，在法国巴黎附近新出现了一种风格叫"法国式"，后来这种风格以摧毁古罗马文明的哥特人的名字命名为"哥特式风格"。它开始流行于哥特式的建筑，之后衍生到家具等领域，并于 13 世纪随着大教堂的修建而达到它的经典时期。以法国为中心，后遍及欧洲。

这一时期的风格特点，建筑结构方式由十字拱演变成十字尖拱，并使尖拱成为带有肋拱的框架形。细长的十字尖拱使建筑的内部空间形成向上的耸立效果，产生升腾和神圣的感觉。半透明的彩色玻璃镶嵌组合而成，玻璃的颜色丰富，形式感强。玻璃的折射光有种浓厚的宗教气氛，称为玫瑰窗，代表是哥特式教堂。室内竖向排列的柱子和柱间向上的细花格拱形洞中窗口上部火焰形线脚装饰、卷蔓、亚麻布、螺形等纹样。喜欢使用金属格栅、门栏、木制隔间、石头雕刻的屏风和照明烛台等作为陈设和装饰。内部装饰多以仿建筑的繁复木雕工艺、金属工艺和编织工艺为主，让室内装饰变得丰富多样。许多华丽的哥特式宅邸中通常会有彩色的窗帘、刺绣帷幔和床品、拼贴精致的地板和精雕细琢的木制家具。(图 3-3、图 3-4)

图 3-3 亚眠主教堂

图 3-4 哥特式教堂内景

三、文艺复兴

文艺复兴之前的中世纪，设计大多反映了当时的神秘主义，而到 14 世纪，逐步富裕起来的意大利佛罗伦萨开始渴望社会进步和探索世界。这种文艺复兴的思维的模式从佛罗伦萨开始很快传播到米兰和整个意大利，最后在整个欧洲兴起，在欧洲各国形成自己独特的样式。它是一种思想文化运动。它带来了一场科学与艺术的革命，揭开了欧洲现代史的序幕，被认为是中古时代和近代的分水岭。"文艺复兴"一词源于意大利语，为再生复兴的意思，即复兴古希腊和古罗马的古典文化。

文艺复兴建筑发源于意大利的佛罗伦萨，开始的标志是佛罗伦萨主教堂的大穹隆顶，它是作为共和政体的纪念碑而建造的。它的纪念性意义在于突破了教会的禁制，因为集中式和穹顶建筑一直被天主教视为异教庙宇的形制。这个穹隆顶虽然与拜占庭圣苏菲亚的手法相同，但佛罗伦萨的大穹顶却因为坐落在一个高高的鼓座上而得以全部暴露出来，因而显得极为突出和完美（古罗马和拜占庭的穹顶多半没有鼓座，因而显得半露半隐），这种结构和形象在西欧是史无前例的。（图 3-5）

图 3-5 佛罗伦萨主教堂（Florence Cathedral,1296-1462）

人文主义理论认为，人体是"匀称"的完美典范，人体四肢伸开所形成的方圆构成最美好的比例和几何形状。而在建筑上，集中式和穹顶结构就是方和圆的最完满的结合。梵蒂冈的圣彼得大教堂以及英国的圣保罗大教堂的穹顶也都是在这种人文思想的影响下产生的。（图 3-6）

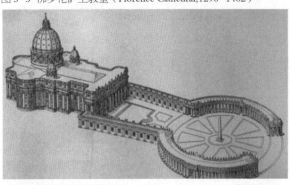

图 3-6 梵蒂冈圣彼得大教堂（St.Peter's Basilica），其穹隆顶由米开朗琪罗设计

这一时期的风格特点是建筑重新采用和谐与理性的古希腊、古罗马柱式。设计时非常重视对称与平衡原则，强调水平线，使墙面成为构图的中心；室内装饰在细节上重视运用由古罗马设计衍生出的嵌线和镶边；墙面虽然多为光滑简洁设计，但一般会绘上壁画作为装饰；参照人体尺度，运用数学和几何知识，运用到建筑与室内。地板常以瓷砖、大理石或砖块拼接的图案铺设；横梁、边框和镶边也会根据主人的喜好和财力进行不同程度与风格的雕刻装饰。随着传统古董和经典艺术越来越被人们欣赏，室内装饰也逐渐变得更为华丽与丰富，绘画、雕塑和线性图案、锻铁

图 3-7

饰等许多其他艺术品都被大量地展示在家中用于装饰。家具多采用直线式样，并配以古典的浮雕图案，少量运用橡木、杉木、丝柏木外，基本采用核桃木制作，节省木材是当时的制作风气。采用大量的丝织品作为家具的装饰物，帷幔、靠枕和许多其他的家纺用品都色彩鲜艳、内容丰富。(图 3-7)

四、巴洛克

巴洛克 (Baroque) 是一种艺术风格的名称，特指 16 世纪末期到 18 世纪中叶在西欧建筑艺术中盛行的一种风格，起源于意大利，后来遍及欧洲各国。巴洛克一词的由来，说法不一，一说是来自葡萄牙文和西班牙文，意为"形状不规则的珍珠，并有扭曲、怪诞、不整齐之意"；另一说是来自意大利语，有奇特、古怪或推论上错误的含义。巴洛克艺术产生于 16 世纪下半叶，盛行于 17 世纪，18 世纪开始衰落，巴洛克式风格强调繁复夸饰，风格上大方庄严，并注重舒适性，巴洛克式设计因其引人注目的表现力，深受宗教改革时期天主教的推崇。反对僵化的古典形式，追求自由奔放的格调和美好的世俗情趣。

这时期的风格特点，将建筑空间设计与绘画和雕塑相结合，营造出富丽堂皇的室内效果。在造型上以椭圆形、曲线和曲面为主要形式，强调变化和动感；墙面和天花板都以立体的雕塑、雕刻修饰，绘上带有视觉错觉效果的绘画，使整个设计富于动感；楼梯也被设计成弯曲、盘绕的复杂形式；室内装饰在运用直线的同时，也强调线型流动变化，具有华美、厚重的效果。色彩以红、黄等纯色为主，并大量饰以金箔、宝石和青铜为材料进行装饰，表示奢华的效果。风格更趋于男性化，深浮雕。家具形制采用直线和圆弧相结合，注重对称的结构，椅子多为高靠背，并且下部一般有斜撑以增强牢固度，桌面多采用大理石镶嵌。(图 3-8、图 3-9)

图 3-8 意大利的耶稣会教堂

图 3-9 俄罗斯冬宫

五、洛可可

洛可可一词源于法语"rocaille"和"coquille",原来的意思是岩石和贝壳,将两词复合后特指盛行于18世纪的一种艺术和建筑风格。

这时期的风格特点,纤细、轻巧、华丽和烦琐的装饰性;多采用C形、S形和涡卷形的曲线及清淡柔和的色彩,其影响遍及18世纪欧洲。

洛可可世俗建筑艺术的特征是轻结构的花园式府邸,它日益排挤了巴洛克那种雄伟的宫殿建筑,在这里,个人可以不受自吹自擂的宫廷社会打扰,自由发展。例如,逍遥宫或观景楼这样的名称都表明了这些府邸的私人特点。洛可可建筑的外形满足于有节奏的布局、自然的建材或加上一层简单的色调,而内部装潢则五彩缤纷,形式多样。最大特点是明显带有人生的享乐主义思想,它是人生现世享乐生活的舞台,主要体现在王宫贵族为自己修建的宫殿上。这种建筑风格的代表作是巴黎苏俾士府邸公主沙龙和凡尔赛宫的王后居室。

洛可可风格讲究壁面的形式美,利用繁复多变的曲线和装饰性的绘画布满壁面,甚至利用镜子或烛台等使住宅空间变得更为丰富,喜欢用舶来品装饰室内。室内装潢通常以白色为底,利用花朵、草茎、棕榈、海浪、泡沫或贝壳等作为装饰的图案,带来一种异常纤巧、活泼的趣味,但却破坏了建筑的均衡、庄重和安定的感觉,地板常以瓷砖、大理石或砖块拼接的图案铺设;横梁、边框和镶边也会根据主人的喜好和财力进行不同程度与风格的雕刻装饰。尤其是使用金、白、浅绿、粉红等刺眼的色彩,更令人眼花缭乱,这种烦琐、矫揉造作的风格,实在是装饰艺术的极端。采用大量的丝织品作为住宅空间和家具的装饰物,帷幔、靠枕和许多其他的家纺用品都色彩鲜艳、内容丰富。洛可可式风格相对于巴洛克式风格更为细腻和优雅,桌脚和凳腿较为纤细,弧度柔和,镶嵌的图案虽然相对较小但非常精美。(图3-10)

图3-10 巴黎苏俾士府邸公主沙龙

六、路易十四

文艺复兴后期的法国，形成了一种独特的法国路易十四式风格。尽管这种风格与巴洛克式风格为同一时期，也常被归为巴洛克式风格，但是相对于繁复夸饰的意大利、奥地利及德国的巴洛克式设计，路易十四式风格显得更有逻辑与秩序，少了一分矫揉造作的华而不实，更接近于细腻的洛可可式风格的设计。

这种风格特点，墙面大量采用嵌板设计，并附以繁复的装饰雕刻，整体地面、墙面色彩艳丽，并开始大量运用大理石装饰；大量水晶及玻璃元素被运用到室内装饰中的各个部位，金色镶边和雕花相比巴洛克式和洛可可式更为繁杂；弧形曲线及反复雕刻装饰整个室内，常见的装饰主题包括贝壳、半人半兽的森林神、小天使、垂花纹饰、花环饰、神话题材、涡形装饰（饰纹镜框）、叶状卷涡纹和海豚。家具以玳瑁或进口木料贴面，以黄铜、锡铅合金和象牙镶嵌，或全以金箔镶面，用镀金的厚铜皮包角或包住其他易磨损部位及毛糙的把手等，并饰以各种图案。(图 3-11)

图 3-11

七、欧式新古典

欧式新古典主义大致产生于 18 世纪 50 年代到 60 年代初之间，起源于建筑师们对当时建筑现实进行救助的冲动，他们希望重振古希腊、古罗马的艺术，于是他们突破现代主义几何学定式，以浓厚的怀旧感情和大胆的革新精神对古典语汇作了新的诠释，一方面保留了路易十六时期材质、色彩的大致风格，另一方面摒弃了过于复杂的肌理和装饰，简化了线条，以旧曲新唱巧妙构思，把高雅的古典情趣和潇洒精巧的现代手法融为一体。新古典风格从繁杂到简化、从整体到局部，都给人一丝不苟的印象，人们可以很强烈地感受到传统的历史痕迹与浑厚的文化底蕴，在展现鲜明的时代气息的同时复活的古典主义的精魂。

这种风格的特点是，在建筑造型上追求端庄、宏伟；室内则极尽豪华，充满装饰性。大量采用白色、金色、银色甚至是黑色等中性色彩构建室内环境。继承古典主义遵循中心、对称、轴线、等级、秩序、主从等设计原则，强调均衡、比例、节奏、尺度等构图逻辑与审美趣味。继承了古典主义的厚重感，适度简化了古典主义的装饰性特征，线条更加刚劲简捷。融合新材料、新工艺，表现新的时代特征和地域特征，从新古典发展历程来看，它反对的是丧失文化属性、纯理性化的工业化特征，并不反对新工艺、新材料的使用，建筑中融合了新的构造方式，能够满足人们对居住的需求。这种风格还十分注重装饰陈列效果，用具有历史文脉特色的室内陈设品来增强古典气质；整体上显得更为轻盈和女性化，在考虑对称性前提下，充分考虑人体舒适度；功能性在当时的室内配饰设计中也颇为重要。随着家庭逐渐富裕，收藏也变得丰富，随之出现了多种多样的收纳型家具，还有不同款式的书桌。(图 3-12)

图 3-12

八、中式

1. 古典中式

中式古典风格是以宫廷建筑为代表的设计艺术风格，它气势恢宏、壮丽华贵、高空间、大进深、雕梁画栋、金碧辉煌，室内造型讲究对称，色彩讲究对比，图案多为龙、凤、龟、狮等，精雕细琢、瑰丽奇巧。

中式古典风格多以木材为主要建材，充分发挥木材的物理性能，创造出独特的木结构或穿斗式结构，讲究构架制的原则，建筑构件规格化，重视横向布局，利用庭院组织空间，用装修构件分合空间，注重环境与建筑的协调，善于用环境创造气氛。运用色彩装饰手段，如彩画、雕刻、书法和工艺美术、家具陈设等艺术手段来营造意境。中国传统室内陈设包括字画、匾幅、挂屏、

图 3-13

盆景、瓷器、古玩、屏风、博古架等，追求一种修身养性的生活境界。充分体现出中国传统美学精神。(图3-13)

2．新古典中式

新古典是指在中国传统风格文化意义和当前时代背景下，将古典建筑元素提炼融合到现代人的生活和审美习惯中的一种装饰风格。该风格大体的设计比较简洁、大气，虚实结合的隔断让简单的空间有了纵深感和一些曲径通幽的禅意，体现中国传统家居文化的独特魅力。装饰选材较广泛，搭配时尚，效果比古典中式风格清爽。

新古典中式是传统古典的中式风格的延伸与发展，保留了中国传统的文化，在现代装修风格中融入古典元素，将现代元素和传统元素结合在一起，以现代人的审美需求来打造富有传统韵味的事物，让传统艺术的脉络传承下去。

配饰元素上统一的简洁、单纯的色彩是新古典中式的首选，结合墙面的留白、家具的陈设形成虚实变化，隔而不断的效果；选择水波纹灰色瓷砖、深邃的黑洞石、做旧的深灰色橡木、浅灰色的素纹墙纸及灰色拉

丝不锈钢等富有质感的现代材料，可以尽显时尚高雅的古典空间韵味；家具选择上贵精不贵多，简单的混合搭配形式是主要手法，只要在满足使用功能的基础上，适当运用简单的中式元素装饰手法就可以；空间结构上主张利用简洁、硬朗的线条来勾画优雅内敛的感情色彩。运用直线装饰线条

图3-14

体现了现代人追求简单生活的居住氛围，更迎合了现代气息，这样的中式风格更加实用，富有现代感觉。(图3-14)

3．现代中式

现代中式空间造型多采用简洁硬朗的直线，直线装饰在空间中的使用，不仅反映出现代人追求简单生活的居住要求，更迎合了中式风格追求内敛、质朴的设计风格，使这种风格更加实用、更富现代感、更能被现代人所接受。

色彩上，现代中式风格非常讲究空间色彩的层次感；摆设上，无须运用非常多的中式摆件和陈设，适当点缀一些富有东方精神的物品就可达到好的效果。(图3-15)

九、东南亚

东南亚风格是一个结合东南亚民族岛屿特色及精致文化品位相结合的设计。在悠久的文化和宗教的影响下，东南亚的手工艺匠大量使用土生土长的自然原料，用编织、雕刻和漂染等具有民族特色的加工技法，创作出了这种独特的装饰风格。东南亚的大多数酒店和度假村都在运用这种融入宗教文化元素的风格，因此东南亚传统风格也逐渐演变为休闲和奢侈的象征。

东南亚的现代建筑里面，生态建筑是最大的一个流派。这个流派强调，尽量地利用自然条件增加建筑物的通风采光，而且注

图3-15

重对日光和雨水的再利用，从而达到节省能源的效果。所以，这些建筑的外观一般比较通透和清爽，例如百叶式的白色外墙，绿色的墙面。此外，遮阳的处理也是东南亚建筑的特色。不可不提的是，由于东南亚长年天气炎热，适宜户外活动，故园林必然成为建筑里面不可缺少的部分。（图3-16）

图 3-16

图 3-17

东南亚风格的家居设计以其来自热带林的自然之美和浓郁的民族特色风靡世界，室内装修喜欢采用地方特色的艺术主题，比如热带花草、佛教元素和动物等。广泛地运用木材和其他的天然原材料，如藤条、竹子、石材、青铜和黄铜，深木色的家具，局部采用一些金色的壁纸、丝绸质感的布料，灯光的变化体现了稳重及豪华感。（图3-17）

东南亚风格家饰特有的棕色、咖啡色以及实木、藤条的材质，通常会给视觉带来厚重之感，而现代生活需要清新的质朴来调和。

1．取材之自然

取材自然是东南亚家居最大的特点，由于特殊的地理原因，东南亚家具大多就地取材，比如藤麻、风信子、海藻等水草以及木皮等纯天然的材质，再搭配原藤原木色调为主的家具，或多为褐色等深色系，质朴原木的天然材料搭配布艺的恰当点缀，抛弃了早期东南亚风格复杂的装饰线条，让整体家居更加清爽；多用柚木、檀木、芒果木等材质的木雕和木刻家具，泰国木雕家具多采用包铜装饰，印度木雕家具则多以金箔装饰。

2．色彩之斑斓

在东南亚家居中最抢眼的属绚丽的颜色，由于东南亚地处热带，气候闷热潮湿，为了避免空间的沉闷压抑，因此在装饰上用夸张艳丽的色彩冲破视觉的沉闷；斑斓的色彩其实就是大自然的色彩，在色彩上回归自然也是东南亚家居的特色。

3．饰品之禅意

图 3-18　东南亚风格装饰品

在饰品搭配上，看到的最醒目的大红色东南亚经典漆器，金色、红色的精致的刺绣毯能烘托东南亚传统风格主题特色；金属材质的灯饰，如钢制的莲蓬灯，手工敲制的铜片吊灯，或者以椰子壳、果核、香蕉皮、蒜皮等为材质的小饰品，竹节袒露的竹框相架，昏暗的照明（蜡烛）、线香、流水等，打造清净、净化身心的环境。这些都是最具民族特色的点缀，能让空间散发浓浓异域气息，同时让空间禅意十足，静谧而投射哲理。（图3-18）

十. 地中海

在9—11世纪文艺复兴前兴起的，地中海地区独特的风格类型。地中海地区虽然国家民族众多，但是独特的气候特征还是让各国的地中海风格呈现出一些一致的特点。地中海风格，原来是特指沿欧洲地中海北岸沿线的建筑与室内装饰风格，特别是西班牙、葡萄牙、法国、意大利、希腊这些国家南部沿海地区的住宅。这些地中海沿岸的建筑和当地乡村风格的建筑相结合，产生了诸如法国普罗旺斯、意大利托斯卡纳等地区的经典建筑风格。后来这种建筑风格融入欧洲其他地区的建筑特点后，逐渐演变成一种豪宅的符号。闲适、浪漫却不乏宁静的地中海风格所蕴含的生活方式的精髓所在。这一地区的室内装饰风格以其极具亲和力的田园风情及柔和的色调组合被广泛地运用到现代设计中。

这种风格的特点是长长的廊道，延伸至尽头然后垂直拐弯；半圆形高大的拱门，或数个连接或垂直交接；墙面通过穿凿或半穿凿形成镂空的景致。这是地中海建筑中最常见的三个元素。

地中海风格的建筑舍弃浮华的石材，用红瓦白墙营造出与自然合一的朴实质感。建筑外墙的涂料经过工匠们一层层、一遍遍的粉刷，颜色就渐渐地沉淀下来；岁月愈久，颜色愈白，味道愈浓，体现了一种传统的手艺精神。外立面颜色温润而醇和、材料粗朴而富有质感，建筑中包含众多的回廊、构架和观景平台。地中海风格在细节的处理上特别细腻精巧，在西班牙建筑中，经常广泛运用螺旋形结构配件，包括阳台、窗间柱子等多用螺旋形铸铁花饰。此外，在地中海建筑中往往采用建筑圆角，让外立面更富动感，并配合以落地大窗和防锈锻铁为装饰的小窗，外墙局部用文化石和特别的涂料；露台上采用弧形栏杆等；而装饰用的烟囱，则带有传统的英国风味。

室内装修色彩有土黄色与红褐色交织而成的具有强烈民族性的色彩；白灰泥墙、连续的拱廊与拱门，陶砖、海蓝色的屋瓦和门窗都是地中海风格特色；地面多铺赤陶或石板，马赛克在地中海风格中是较为华丽的装饰。

布艺尽量采用低彩度棉织品，家具为线条简单且修边浑圆的实木家具；在室内布艺中，窗帘、壁毯、桌巾、沙发套、灯罩等以素雅的小细花、条纹格子图案为主；独特的锻打铁艺家具，也是地中海风格独特

图 3-19

的美学产物；家居室内绿化，多为薰衣草、玫瑰、茉莉、爬藤类植物，小巧可爱的绿色盆栽也常看见；利用小石子、瓷砖、贝类、玻璃片、玻璃珠等素材，切割后再进行创意组合，制成各种装饰物。（图 3-19）

十一. 日式风格

日式风格建筑，又称"和样建筑"或"日本式建筑"。13—14世纪日本佛教建筑继承7—10世纪的佛教寺庙、传统神社和中国唐代建筑的特点，采用歇山顶、深挑檐、架空地板、室外平台、横向木板壁外墙、桧树屋顶等，外观轻快洒脱。直接受到日本和

图 3-20

式建筑影响的日式风格，讲究空间的流动与分隔，流动则为一室，分隔则分几个功能空间，空间中总能让人静静地思考，禅意无穷。（图3-20）

一般对日式风格的印象都是自然而蕴含深邃禅意的空间装饰，传统的日式家居将自然界的材质大量运用于居室的装修、装饰中，不推崇豪华奢侈、金碧辉煌，以淡雅节制、深邃禅意为境界，重视实际功能。崇尚自然的日式风格经常借用外在自然景色，在选用材料上也特别注重自然质感，以达到自然与人高度结合的心灵的休憩地。

日式风格的特点：

（1）以淡雅、简洁为主要特点，有浓郁的日本民族特色，一般采用清晰的线条，居室布置优雅、清洁，有较强的几何感，木格拉门、半透明樟子纸和榻榻米木板地台为其风格特征。

（2）传统的日式家居将自然界的材质大量运用于居室的装修、装饰中，大胆采用水泥表面。木材质地，以及铝合金、钢铁等金属板材、人造石、马赛克等装饰着意显示素材的肌理效果。

（3）麻质的壁纸、简单的条几和角落里的绿竹枯枝、花草掩映，让日式风格的家居充满宁静、自然的味道。（图3-21）

图 3-21

十二、田园风格

田园风格是指以田地和园圃特有的自然特征为形式手段，能够表现出带有一定程度农村生活或乡间艺术特色，表现出自然闲适的内容的作品或流派。

田园风格倡导"回归自然"，美学上推崇"自然美"，认为只有崇尚自然、结合自然，才能在当今高科技快节奏的社会生活中获取生理和心理的平衡。因此田园风格力求表现悠闲、舒畅、自然的田园生活情趣。在田园风格里，粗糙和破损是允许的，因为只有那样才更接近自然。

田园设计的风格有很多，这里主要介绍目前市场上大家比较喜欢的两种风格。

1. 法式乡村风格

法式乡村风格是由文艺复兴风格演变而来的，它吸收了路易十四时期的装饰元素，并将其以更为注重舒适度和日常生活的方式表现于普通百姓的家庭设计中，至今，法式乡村风格仍然广受推崇。

法式乡村风格喜欢自然做旧的效果；这种效果的起源是希望家具设计更具持久性、更为耐用，在长时间的打磨和使用中，也会逐渐出现用旧的效果；非常注重舒适度和日常实用性。简洁的家具、淡雅的色

图 3-22

彩、舒适的布艺沙发均是对法式乡村风格的诠释与应用。

法式乡村风格具有代表性的配饰摆设有：木制储物橱柜、铁艺收纳篮、装饰餐盘、木制餐桌、靠背餐椅或藤编坐垫；淡雅、简洁色调的亚麻布艺是法式乡村风格软装必不可少的装饰，木耳边是这些布艺的常用方式。木头雕刻装饰的主题形象有：表现丰收富饶的麦穗、丰收羊角和葡萄藤等，代表肥沃和孕育的贝壳，寓意爱的鸽子及爱心等。（图3-22）

2．美式乡村风格

美式乡村风格，又称美式田园风格，属于自然风格的一支。摒弃了烦琐和奢华的装饰，并将不同风格中的优秀元素汇集融合，以宽敞而富有历史气息，带有浓浓的乡村意流，借舒适机能为导向，强调"回归自然"使这种风格变得更加表达出轻松、淡然的生活的态度。

美式乡村风格主要起源于18世纪各地拓荒者居住的房子，具有刻苦创新的开垦精神，色彩及造型较为含蓄保守，以舒适机能为导向，兼具古典的造型与现代的线条、人体工学与装饰艺术的家具风格，充分显现出自然质朴的特性。

新颖美式乡村风格，是美国西部乡村的生活方式演变到今日的一种形式，它在古典中带有一点随意，摒弃了过多的烦琐与奢华，彻底将以前欧洲皇室贵族的极品家具平民化，兼具古典主义的优美造型与新古典主义的功能配备，既简洁明快，又温暖舒适。

美式乡村风格室内装饰注重温馨和舒适度，没有过多的修饰、绚烂的色彩和繁复的线条。所有欧式风格的造型，比如拱门、壁炉、廊柱等，都可以在美式乡村风格的硬装造型中出现。所不同的是，这些硬装造型线条要更加简单，体积都要明显缩小。

配饰元素：许多美国家庭还会根据季节和假日来变换家里的装饰。乡村风格的色彩多以自然色调为主，绿色、土褐色较为常见，选择突显自然、怀旧，散发着浓郁泥土芬芳的颜色最为相宜。标志性图式有：代表南部热情好客的菠萝图案和鸟屋等。贴一些质感重的壁纸，壁纸多为纯纸浆质地，或者刷上颜色饱满的涂料；在墙面色彩选择上，自然、怀旧、散发着质朴气息的色彩成为首选。而近年来，逐步趋向于色彩清爽高雅的壁纸衬托家具的形态美。一般以实木为主，选材天然，家具颜色多仿旧漆，做旧，式样厚重，体形偏大，有点显得笨重，样式看上去很粗犷。以白橡木、桃花心木或樱桃木为主，线条简单。棉布是主流，上面往往描绘有色彩鲜艳、体形较大的花朵，或靓丽的异域风情和鲜活的鸟虫鱼图案。有古朴怀旧、乡村气息的配饰品，如烛台、水果、摇椅、鹅卵石、不锈钢餐具，花艺，酒具饮品等。柔和温暖的光源容易营造美式田园家居的温馨感，一般以做旧铁艺吊灯和壁灯最多见。乡村家居设置的壁炉，以红砖砌成，台面

图3-23

图 3-24

采用自制做旧的厚木板，营造出美式乡村风格的大家庭的起居室的效果。（图 3-23，图 3-24）

十三、现代简约

现代风格起源于 20 世纪初期的包豪斯学派，伴随着工业革命和科技进步而成长。在政治、经济和艺术的现代化发展历程中，家庭装饰也变得更为实用，线条造型更简洁，还运用了许多新颖的材料。现代主义追求打破传统、释放自我、实验精神、激进主义和尚古主义。尽管一些极端的现代主义饱受批判，但这种风格的日常运用在欧洲的许多国家和现代家庭中都深受喜爱。

它最大的特色就是从房屋的使用功能、新材料和结构方式中，发展出新的建筑形式。它强调突破旧传统，创造新建筑，重视功能和空间组织，注意发挥结构构成本身的形式美，造型简洁，反对多余装饰，崇尚合理的构成工艺，尊重材料的性能，讲究材料自身的质地和色彩的配置效果，发展非传统的以功能布局为依据的不对称的构图方法。现代风格的优点是简洁实用，结构布局合理。缺点是建筑底蕴苍白，单调缺乏文化特色。

现代简约风格室内装修特点：水泥、钢铁、铝、玻璃等；抽象的轮廓和崭新的效果；极简的直线或曲线，几乎没有任何装饰性雕刻或点缀；多媒体的综合运用。

现代简约风格饰品是所有家装风格中最不拘一格的一个。极简但舒适实用的家具；简单线条的皮质或布艺沙发；新型装饰及功能元素：电灯、照片和家电等。一些线条简单，设计独特甚至是极富创意和个性的饰品都可以成

图 3-25

为现代简约风格家装中的一员。（图 3-25）

十四、后现代

后现代主义一词最早出现在西班牙作家德·奥尼斯 1934 年的《西班牙与西班牙语类诗选》一书中，用来描述现代主义内部发生的逆动，特别有一种现代主义纯理性的逆反心理，即为后现代风格。后现代风格室内设计是对现代风格室内设计中纯理性主义倾向的批判，强调室内装潢应具有历史的延续性，但又不拘泥于传统。现代主义在完成它特定的使命后走下了历史的神坛，后现代主义成为主流设计。

对于什么是后现代主义，什么是后现代主义建筑的主要特征，人们并无一致的理解。美国建筑师斯特恩提出后现代主义建筑有三个特征：采用装饰；具有象征性或隐喻性；与现有环境融合。现在，一般认为真正给后现代主义提出比较完整指导思想的还是文丘里，即在建筑艺术中追求复杂性和矛盾性，而且与古典的建筑美学观念相违背；完整统一和谐不再被当作艺术创作的最高原则和目标；反之，不完整不统一和不和谐受到了推崇。这样，建筑的美学范畴扩大了，建筑艺术的路径更加宽广多样了。虽然他本人不愿被人看作后现代主义者，但他的言论在启发和推动后现代主义运动方面，有极重要的作用。文丘里批评现代主义建筑师热衷于革新而忘了自己应是"保持传统的专家"。文丘里提出的保持传统的做法是"利用传统部件和适当引进新的部件组成独特的总体"，"通过非传统的方法组合传统部件"。他主张汲取民间建筑的手法，特别赞赏美国商业街道上自发形成的建筑环境。文丘里概括说："对艺术家来说，创新可能就意味着从旧的现存的东西中挑挑拣拣"。实际上，这就是后现代主义建筑师的基本创作方法。

后现代主义主要观点有大致有以下几个方面。

其一，注重人性化、自由化。后现代主义作为现代主义内部的逆动，是对现代主义的纯理性及功能主义，尤其是国际风格的形式主义的反叛，后现代主义风格在设计中仍秉承设计以人为本的原则，强调人在技术中的主导地位，突出人机工程在设计中的应用，注重设计的人性化、自由化。

其二，注重体现个性和文化内涵。后现代主义作为一种设计思潮，反对现代主义的苍白平庸及千篇一律，并以浪漫主义、个人主义作为哲学基础，推崇舒畅、自然、高雅的生活情趣，强调人性经验在设计中的主导作用，突出设计的文化内涵。

其三，注重历史文脉的延续性。并与现代技术相结后现代主义主张继承历史文化传统，强调设计的历史文脉，在世纪末怀旧思潮的影响下，后现代主义追求传统的典雅与现代的新颖相融合，创造出集传统与现代，融古典与时尚于一体的大众设计。

其四，矛盾性、复杂性和多元化的统一。后现代主义以复杂性和矛盾性去洗刷现代主义的简洁性、单一性。采用非传统的混合、叠加等设计手段，以模棱两可的紧张感取代陈直不误的清晰感，非此非彼，亦此亦彼的杂乱取代明确统一，在艺术风格上，主张多元化的统一。

这种风格的特点，常在室内设置夸张、变形的柱式和断裂的拱券，把古典构件以抽象形式的新手法组合在一起，以期创造一种融感性与理性、集传统与现代、揉大众与行家于一体的"亦此亦彼"的室内环境；强调形态的隐喻、符号和文化、历史的装饰主义，后现代主义室内设计运用了众多隐喻性的视觉符号在作品中，强调了历史性和文化性；光、影和建筑构件构成的通透空间，成了装饰的重要手段，后现代风格的装饰性为多种风格的融合提供了一个多样化的环境，使不同的风貌并存，以这种共享关系贴近居住者的习惯。后现代风格装饰品可以对历史物件采取混合、拼接、分离、简化、变形、解构，综合等方法，运用新材料、

图 3-26

新的施工方式和结构构造方法来创造，从而形成一种新的形式语言与设计理念。（图 3-26）

十五、混搭风格

近年科技的进步和财富的增长彻底改变了人们的生活方式，人们的思维方式和审美眼光也在发生着变化，不再拘泥于一个风格，而尝试着从各种风格中吸取自己喜爱的元素，按照个人风格将它们融合起来，这不仅模糊了风格间的界限，也创造了各种独一无二、别出心裁的混合风格。

经典而充满艺术感的室内设计既趋向现代实用，又吸取传统特征，在装潢与陈设中融汇古今。总体上，混合风格虽然在设计中不拘一格，但并不可以毫无章法、胡乱搭配，设计师要匠心独具地运用多种方式，深入推敲形体、色彩、材质等方面的统一性和构图的视觉效果。

传统的屏风、摆设、茶几与现代风格的墙面及门窗装饰、新型沙发搭配；具有统一元素的欧式古典琉璃灯与东方传统家具搭配；还搭配在世界各地旅游时搜集来的小饰品和纪念品。（图 3-27）

图 3-27

第二节　室内配饰设计的流派

流派指的是学术、文艺方面的派别，可以简单地理解为艺术流派。成因是不同的时代思潮和地区特点通过人们的创作构思逐渐发展而成的具有代表性的艺术形式。其形成与当时的人文因素和自然条件密切相关，不同的历史时期蕴含着不同的历史文化，使得流派呈现多元化的特点，与艺术史和家具史紧密联系。

1. 国际派：注重功能和建筑工业化的特点，反对虚伪的装饰。

2. 高技派：也可以称为重技派，高技派是活跃于 20 世纪 50 年代末至 70 年代的一个设计流派。高技派反对传统的审美观，强调设计作为信息的媒介和设计的交际功能。在建筑设计、室内设计中坚持采用新技术，在美学上极力鼓吹表现新技术。以突出当代工业技术成就为特色，在建筑形体和室内环境设计中加以展现，十分崇尚"机械美"，在室内暴露梁板、网架等结构构件，以及风管、线缆等各种设备和管道，强调工艺技术与时代感。（图 3-28）

图 3-28

3. 光亮派：也可以称为银色派，室内设计中展现新型材料及现代加工工艺的精密细致及光亮效果，室内往往大量采用镜面及平曲面玻璃、不锈钢、磨光的花岗岩和大理石等作为装饰面材，在室内环境的照明方面，常使用投射、折射型等各类新型光源和灯具，在金属和镜面材料的烘托下，打造光彩照人、绚丽夺

图 3-29

图 3-30

目的室内环境。（图 3-29）

图 3-31

4. 白色派：室内各界面及家具等常以白色为基调，简洁明朗，美国建筑师 R.Meier 是白色派设计的代表人物，这种设计不仅仅停留在简化装饰、选用白色等表面处理上，而是具有更深层的构思和内涵，在装饰造型和用色上不用过多的渲染。在室内设计与家具设计中大量运用白色，构成了这种流派的基调，故名白色派。（图 3-30）

5. 风格派：起始于 20 世纪 20 年代的荷兰，以画家 P.Mondrian 为代表的艺术流派，强调"纯造型的表现"，认为"把生活环境抽象化，这对人们的生活就是一种真实"。室内装饰和家具经常采用几何形体以及

红、黄、青三色，或采用黑、灰、白等色彩进行搭配，一般风格派的室内设计在色彩及造型方面都具有鲜明的特征和个性。（图 3-31）

6．超现实派：追求所谓的超越现实的艺术效果，在室内布置中常采用异常的空间组织，曲面或具有流动弧线形的界面。采用浓重色彩、造型奇特的家具和设备，有时还以现代风格绘画和雕塑来烘托变幻莫测的光影效果，这种做法比较常见于展示活动及娱乐空间，力求在有限的空间内运用各种表现手法制造所谓的无限空间。（图 3-32）

7．解构主义派：20 世纪 60 年代，以法国哲学家 J. Derrida 为代表提出来的哲学观念，这种派系对传统古典、构图规律等均采用否定的态度，强调不受历史文化和传统理性的约束，是一种貌似结构构成解体，突破传统形式构图，用材粗放的流派。它用分解的观念，强调打碎、叠加、重组，对传统的功能与形式的对立统一关系转向两者叠加、交叉与并列，用分解和组合的形式表现时间的非延续性。运用现代主义的词汇，却从逻辑上否定传统的基本设计原则，由此构成了新的派别，被称为"解构主义派"。（图 3-33）

8．听觉空间派：强调住宅空间形态和物体的单纯性、抽象化特点；重视空间中物体的相关性。运用单纯直线、几何形体或具有节奏的反复的符号化图案等等。室内陈设、家具等也像配乐一样有节奏地进行组合配案。这种强调关系的重要性的做法被称为"视觉配乐"。它创造出视觉的、有节奏的、联想的"听觉空间"。

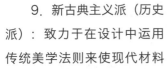

图 3-32　　　　　　　　洛杉矶迪斯尼音乐厅　　曼彻斯特帝国战争博物馆

图 3-33

9．新古典主义派（历史派）：致力于在设计中运用传统美学法则来使现代材料与结构的建筑造型和室内造型产生出规整、端庄、典雅、有高贵感的一种设计潮流，号召设计要到"历史中去寻找灵感！"

10．新地方主义派：强调地方特色或民俗风格的设计创作倾向，强调乡土味和民族化。

11．孟菲斯派：对传统提出挑战，不相信设计计划完整性的神秘；寻求"表现特性"为设计新意；将世界过去的流派再循环；恢复色彩和装饰的生命力；把设计研究重点放在人与周围事物的相关性上。

12．超级平面美术：以城市建筑规模展开的印刷平面美术。

13．绿色派：回归自然，渴望住在大自然的绿色环境中，总目标是希望人和自然的和谐相处，资源的可持续发展。

图 3-34

14．装饰艺术派：也可以称为艺术装饰派，起源于 20 世纪 20 年代法国巴黎的一场现代工业国际博览会，装饰艺术派善于运用多层次的几何线型及图案，重点装饰于建筑内外门窗线脚、檐口及腰线、顶角线等部位，这种流派重视装饰效果在整个建筑或室内装饰中的艺术表现。其特点在于浓烈的色彩、大胆的几何结构和强烈的装饰性。（图 3-34）

第四章　软装饰设计元素之色彩

色彩作为一个奇妙的东西，通过色相、纯度、色调、对比等手段表达人们的情感和联想，影响人们的心理和生理反应，甚至影响人们对事物的客观理解和看法。配饰设计师作为美好事物的创造者和居室设计的情感表现者，学习色彩的搭配是最基本的基本功，可以说色彩是配饰设计的精髓与灵魂，把握准确的色彩搭配方法决定着作品成功与否。

第一节　色彩基础

一、色彩的产生

在视觉感知的前提下，太阳光产生的高热能形成电磁波向宇宙空间辐射，电磁波的波长范围很宽，光只是电磁波的一小部分，而能够引起人的视觉反应的只有从 380 纳米至 780 纳米的波长范围，这就是可见光，即我们日常所见的白色日光。物理学家牛顿通过三棱镜折射将日光分离成红色、橙色、黄色、绿色、蓝色、青色、紫色七种单一色光，它们按彩虹的颜色秩序排列，这些基本色通过色相、明度、纯度的变化，可以配比出成千上万的色彩，并且给人带来不同的视觉感受和心理感受。色彩还可以产生冷暖、轻重、远近、明暗的感觉，让人产生无数的联系。

二、色彩三属性：色相、明度、纯度

色相是指色彩的相貌。将光谱中的青色去掉，剩下红、橙、黄、绿、蓝、紫构成了色彩体系中最基本的色相。明度是色彩的明暗程度。在我们感觉颜色差别的同时，还会感觉到它们之间的明暗差异，这就是色彩的明度关系。纯度是指色彩的鲜艳程度。不同的色相具有不同的纯度，同一色相的纯度也可以有所不同。（图 4-1）

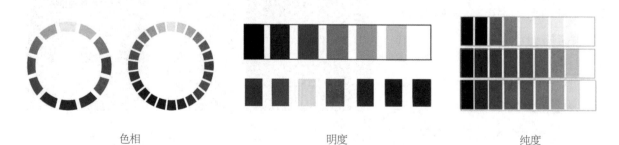

色相　　　　　　　　　　　明度　　　　　　　　　　　纯度

图 4-1

三、色彩混合

1. 色光三原色和加色混合

色光混合会增强亮度，混合的色光越多，混合色的明度越亮，由于混合色的光亮度等于相混合光亮度之和，因此也称"加色混合"。

2. 色料三原色和减色混合

在色料混合中，混合的色越多，明度越低，纯度也会下降，因此称其为"减色混合"。三原色的混合，可以得到所需的各种色彩，而三原色自身不能被其他颜色混合而获得。颜色三原色与色光三原色的混合相反。

3. 视觉混合或中性混合

视觉色彩混合不是变化色光或颜色本色，而是在色彩进入视觉之后，基于人的视觉生理原因产生的色彩混合。混合后的色彩效果类似于它们的中间色，亮度既不增加也不减低，因此也称为"中性混合"。（图4-2）

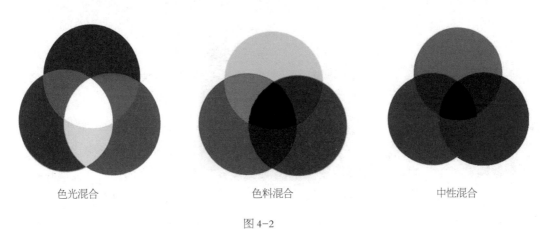

色光混合　　　　　　　色料混合　　　　　　　中性混合

图 4-2

四、色彩的对比

色彩对比大多是从色相层面来说的，依据色相环上各色之间的间距，可以判断出目标色的同类色、邻近色、类似色、中差色、对比色和互补色之间的关系。

1. 色相的对比：对色彩差异性的最直观的认识。

（1）同一色相对比：最简单的色彩组合是单色性的色彩组合方式。这是一种整个画面只使用单一色调的配色方法，我们在自然界中随处可见。

（2）同类色的对比：相对比的色彩在色环上处于15度范围时属于同类色相对比。由于这个角度的对比色仍然属于某种单一的或相同的基础色，故称为色相的同类色对比。（图4-3）

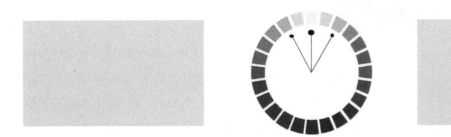

图4-3　以黄色为基色，与左右两色的对比为类似色对比

（3）邻近色的对比：邻近色的对比也称为近似色或类似色的对比，是指对比两色的相隔距离在色相环上所处角度为 45 度时的对比。（图 4-4，图 4-5）

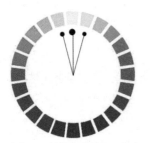

图 4-4 以黄色为基色，与左右相邻的两色为邻近色对比

图 4-5 借助明度、纯度对比的变化来弥补色相感之不足

（4）中差色对比：在 24 色相环上指间隔 60°～120°，相差 4～7 色之色。如红与黄、红与蓝、蓝与绿。它的对比效果间于类似色与对比色之间，因色相间差异比较明确，色彩的对比效果比较明快。（图 4-6）

（5）对比色对比：是指色环上所处角度为 120~150 度的色彩间的对比。它们的对比关系相对补色的对比略显柔和，同时又不失色彩的明快和亮丽。对比色组合具有一种很强烈的冲突感并能产生一种色彩移动的感觉。比如在大自然中经常看到橙色的果实与绿色的树木、紫色的花与绿色的叶，它们的色彩搭配都具有既明快又自然的视觉效果。（图 4-7）

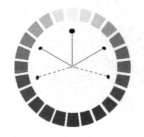
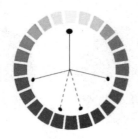

图 4-6 以黄色为基色，与左右间隔 60°～120° 色的对比为中差色对比

图 4-7 以黄色为基色，与其左右分别相邻 7～11 色的对比为对比色对比

（6）补色对比：补色对比是指色环上处于 180 度相对位置的补色之间的对比。例如，当红与绿并置时，一方面红的会更红，绿的会更绿，所以对比效果十分强烈、鲜明。另一方面，生理综合的结果使得两色又会主动混合而呈现一种近似于黑色的深灰色。（图 4-8）

2．明度对比：色彩整体效果把握的关键；纯度对比，色彩个性获得的有效途径。

以低明度阶段色为主调的画面称为暗调；以中明度阶段色为主调的画面称为中调；以高明度阶段色为主调的画面称为高调，按明度对比的强弱关系分为长调和短调。这样，色彩明度对比的强弱差异可以分为 6 类。

3．纯度对比：色彩的心理感觉；颜色的面积、形状、位置与色彩对比的关系。

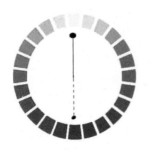
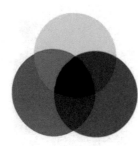

图 4-8 以黄色为基色，在色轮上处于 180° 的紫色与其对比为补色对比

我们将不同纯度的色彩并置，使鲜色更鲜、浊色更浊的对比方法称为纯度对比。我们可以采用明度基调的设计方法和计算方法；将明度基调的白和黑变为纯度的鲜和浊，将明度基调中用以表示高、中、低调的不同区域变为鲜、中、浊的不同区域，将明度基调中用以表示明度对比度的长和短换成这里的强和弱。如此纯度也可以组成鲜强对比、鲜弱对比、中强对比、中弱对比、浊强对比、浊弱对比 6 种基本色调。

4．冷暖对比：色彩的冷暖不是指物理上的实际温度，而是视觉和心理上的一种知觉效应。冷暖的感受主要体现在色相的特征上，如红色和黄色的系列为暖色，是源于对阳光与火的色彩联想；而对水和冰的联想使人们将蓝色的系列列为冷色。

5．颜色的面积、形状、位置与色彩对比的关系：色彩的面积同其形状和位置是同时出现的，因此色彩的面积、形状、位置在色彩对比中，都是具有较大影响的因素。（图4-9）

五、色彩的调和

1．类似调和：统一中求变化

(1) 同一调和：在明度、色相、纯度三种属性中有一种要素完全相同，变化其他要素，被称为单性同一调和。在三种属性中有两种相同，便称其为双性同一调和。

(2) 在色相、明度、纯度中有某种要素近似，变化其他要素，被称为近似调和。

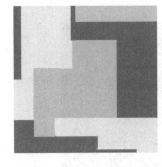 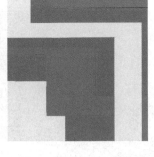

邻近色对比　　　　　　　　中差色对比　　图4-9

2．对比属性调和：色彩次序的设置

(1) 渐变调和：在对比强烈的色彩中，做要素的等差、等比渐变系列，也就是说依靠色相的自然推进和明暗的协调变化以及纯度的逐渐减弱，来使对比变得柔和，形成色彩调和效果。

(2) 面积调和：调整各色彩在画面中所占面积比例，使其中一色的面积增大，以绝对的优势压倒对方，形成统治与被统治的关系而取得调和。

(3) 隔离调和：隔离调和是以"居间色"调和的方式，使用无彩色的黑、白、灰或其他中性色彩区分不同色彩区域，以消除各色相之间的排斥感。通常在色彩的各属性过于接近的颜色之间插入一种隔离色，会使它们的关系变得清晰明了；而在色彩差别过大的一组色中使用隔离色可以起到调和关系的作用。

(4) 在对比各色中混入同色调和：在各纯色之中混入同一色相也可以起到调和的作用，如红色与蓝色混入黄色便成为橙黄与绿色的组合色调。

(5) 几何形秩序调和：可以在色环上以三角形、四边形、五边形、六边形等位置变化来确定色彩的调和配置。

六、色彩的心理影响

不同的色彩会给人以不同的心理感受。例如黑色象征权威、高雅、低调、创意；灰色象征诚恳、沉稳、考究；白色象征纯洁、神圣、善良、信任与开放；红色象征热情、性感、权威、自信，是个能量充沛的色彩——全然的自我、全然的自信。

第二节　色彩搭配方式

一、色彩搭配方式的寻找

1．常用黄金比例

首先，整个空间的色块要避免1∶1的组合，尤其是空间以"对比色"为主时。例如整个空间有一半的主色彩是白色调，如果再搭配另外一半色彩为黑色调，整个空间的色块面积就成了 1：1 的比例，此时看起来会显得呆板。专家研究显示，黄金比例是 1：0.618，约略为 5：3 左右，或是其类似比例 3：2 或 2：1，都是挺好看的比例。以上述的例子来说，如果把黑色的比例加大一些部分，也就是把整个空间黑色的比例加大，整体看起来就会很好看。另外一个配色黄金比例，是 70：25：5，这是指整个空间各个色块所占的比例，例如：墙面（包括窗帘部分）的面积最大，占 70%；家具面积次之占 25%；小饰品（画品、植物、台面装饰等）面积最小，只占 5%。当你在选择要搭配整个空间色彩时，可以先从"大处"着

图 4-10

手，先决定色块面积最大的地方，再来搭配其他的 25% 和 5%，配起色来就会很省事。色彩搭配要有连续性的美感，色彩的搭配要有连续性的美也就是让同样的色彩（或同样的彩度或明度）有韵律地出现在整体配色中，营造出重复性、可以相互辉映的美感，这也是为什么整个空间，如窗帘、墙面装饰、家具、饰品等等，可以选择同质性材质的原因了。这样搭配虽说不是百分之百绝对好看，但却是最不容易出错的。这个原则最常被运用的方式是：整个空间搭配同一种色彩或同一种色系的饰品，如：乳白色墙面搭配黄绿色沙发与橄榄绿窗帘（同色系的连续性美感）。（图 4-10）

2．在大自然中寻找色彩

我们看到的早上的日出、中午的烈日、晚上的夕阳都是太阳在不同时段所呈现出来的色彩，不同的季节太阳的色彩也有不一样的变化。还有身边的花卉植物的色彩在不同季节不同时段所产生的不同变化，大自然的色彩带给我们太多精彩，这些都是我们可以在大自然中容易寻找到的色彩。图 4-11)

图 4-11

3．在优秀摄影作品和世界名画中提取色彩

伟大的画家对色彩都有自己独特且敏锐的理解，当你驻足他们的画前，你总会被那种色彩所吸引。

《星夜》绘于 1889 年，作者是当时并不出名的画家梵高，一名荷兰后印象派画家。他后来切断自己的左耳，用报纸包起来交给一名妓女。据说，这幅画是梵高在法国南部的疗养院的房间里，望向窗外所看到的。梵高这个人可能有些怪异，顽固，不过他确实对色彩很有感觉。《星夜》中大胆、冷静的色调占据帆布画布的大部分面积，同时这些色彩又粗糙地和热情温暖的星光色彩融为一体。（图 4-12）

"层次渲染"和"明暗对比"两个词汇可以用来描述达·芬奇这幅《蒙娜丽莎》有意思的风格。层次

渲染是一种混合色彩而形成的一种微妙的颜色风格，所以这幅画看上去有种微醺的感觉。明暗对比让这幅画在某些特定部位，比如眼睛和手部有种很深邃的感觉。色调是黑色和成熟、复杂的色彩。（图4-13）

图 4-12 《星夜》　　　　　　图 4-13 《蒙娜丽莎》

4．在传统民族服饰等领域寻找色彩

我国是一个多民族国家，有56个民族，每个民族都有自己的服饰，每个民族的服饰都体现出自己民族的特点、民族文化和风情等。服饰的色彩搭配也是特别漂亮，我们从中可以寻找到我们需要的颜色。（图4-14）

传统色采集　　　　　　　　民间色采集

图 4-14

二、色彩的规划

一个住宅室内空间就是一幅画，要画好这幅画，首先要确定这幅画的色彩基调，然后进行细节的描绘。同样道理，住宅室内空间中的色彩布置既要重视细节，也要做好住宅室内空间整体的色彩规划。

成功的色彩规划不仅要做到协调、和谐，而且还应该有层次感、节奏感，能吸引人们停留，更重要的是能用色彩来安抚人们的视觉情绪。一个没有经过色彩规划的室内空间常常是杂乱无章的、平淡无奇的，人们在室内空间停留的时候容易心情烦躁或达不到想要的情绪点。

室内空间的色彩要大到小进行规划：室内空间总体色彩的规划—硬装色彩—家具色彩—窗帘色彩等组合的色彩规划—局部小配饰的搭配色彩规划。这样才能既在整体上掌握室内空间的色彩走向，同时又可以把握好室内空间的所有细节。

室内空间色彩规划按以下步骤进行：

1．分析室内空间功能的分类特点

根据家居的设计风格不同，在色彩规划上采用的手法也会有些不同，因此在做色彩规划之前，一定要搞清楚空间的功能分类及风格，然后根据其特点再进行针对性的色彩规划。

2．把握室内空间色彩平衡感

一个围合而成的室内空间，通常有四面墙体，也就是四个陈列面。这四个陈列面的规划，既要考虑色彩明度上的平衡感，又要考虑四个陈列面的色彩协调性。

住宅室内空间色彩的总体规划，一般要根据色彩的一些特性进行规划。如色彩明度的原理。对于同时有冷色、暖色、中性色系列的家居空间，需要确定主体色调，比如大面积冷或大面积暖等搭配。在陈列中必须把握整体空间的色彩平衡，不要一边色彩重，一边色彩轻，造成空间左右色彩不平衡的局面。

3．制造空间色彩节奏感

一个有节奏感的室内空间才能让人感到有起伏、有变化。节奏的变化不光体现在造型上，不同的色彩搭配也可以产生节奏感。色彩搭配的节奏感可以打破空间中四平八稳和平淡的局面，使整个住宅室内空间充满生机。空间节奏感的制造通常可以通过改变色彩搭配的方式来实现。如明度的渐变、纯度的渐变、色相的渐变等。

三．色彩的搭配技巧

1．从天花板到地面纵观整体：要让空间看上去协调就必须协调从天花板到地板的整体色彩，最简单的做法就是给色彩分重量，暗色最重，用在靠下的部位；浅色最轻，适合天花板；中度的色彩则可贯穿其间。如果把天花板刷成深色或是和墙壁相同的颜色，就会让整个空间看上去较小、较温馨，相反，浅色可以扩大空间，让天花板看上去更高一些。

2．单色搭配和单色调搭——单色搭配是指同一颜色不同明度和纯度的搭配；单色搭配给人感觉简洁优雅，使空间显得更大。同时可以以单色调搭配（浅色、中性色）为主色调，在一个小的区域使用饱和的深色加以强调你要突出的部分。

3．三色搭配最安全：在设计和方案实施的过程中，空间配色最好不要超过三种色彩，当然白色、黑色可以不算色彩。

4．空间配色次序很重要：空间配色方案要遵循一定顺序，可以按照硬装—家具—灯具—窗艺—地毯—床品和靠垫—花艺—饰品的顺序。

5．普用中性色：黑、白、灰、金、银五个中性色主要用于调和色彩搭配，突出其他颜色。它们给人的感觉很轻松，可以避免疲劳，其中，金、银色是可以陪衬任何颜色的百搭色，当然金色不含黄色，银色不含灰白色。

6．原色搭配——我们经常看到辉煌的日落，天空中充满了红色、黄色和蓝色，这正是大自然用三原色上演的精彩表演，大多数的家都喜欢选择细腻柔和的色彩，比如米色白色，不敢用太多明度和色度很高的色彩，其实只要将这三种颜色合理搭配，达到一种均衡，一样可以创造出一个很生动或者很宁静的空间。

7．对比色搭配—— 比如三原色就互为对比色。设计的关键点在于"平衡"。如果用了比较强烈的色彩，就可以用其他的颜色来调节平衡。比如你有一个蓝色沙发，配几个淡粉红和红的靠垫效果就不错。

8．补色搭配——和对比色类同，补色就是色彩选取的是色相环中相对的颜色，比如蓝天和橙黄的叶子互为补色。

9．自然色搭配——就是说居住的空间与你家的自然环境要相映衬。比如，你家在沿海地区，就可以使用柔和的海贝色和海蓝色；在美国西部，就可以使用辣椒红和富贵的金色和仙人掌的绿色，强调了居住空间与地理环境的关系，其实完全可以有自己的风格啦，你住在戈壁滩也没人反对把屋头装成海底世界。

四、色彩搭配的禁忌

1．红色不宜长时间作为空间主色调。居室内红色过多会让眼睛负担过重，要想达到喜庆的目的只要用窗帘、床品、靠垫等小物件做点缀就可以。

2．橙色不宜用来装饰卧室。生气勃勃、充满活力的橙色会影响睡眠质量，将橙色用在客厅会营造欢快的气氛，用在餐厅能诱发食欲。

3. 黄色不宜在书房使用。长时间接触高纯度黄色，会让人有一种慵懒的感觉，在客厅与餐厅适量点缀一些就好。

4. 紫色不宜大面积使用在居室或孩子的房间中。局部使用紫色可以显出贵气和典雅，但大面积使用会使身在其中的人有一种无奈的感觉。

5. 蓝色不宜大面积使用在餐厅、厨房和卧室。因为蓝色会让人没有食欲、感觉寒冷并不易入眠，蓝色作为点缀色起到调节作用即可。

6. 咖啡色不宜装饰在餐厅和儿童房。因为咖啡色含蓄、暗沉，会使餐厅沉闷而忧郁，影响进餐质量，使用在儿童房中会使孩子性格忧郁。咖啡色最不能搭配的是黑色。白色、灰色或米色作为配色可以使咖啡色发挥出特别的光彩。

7. 粉红色不宜大面积使用在卧室。因为粉色容易给人带来烦躁的情绪，尤其是浓重的粉红色会让人精神处于亢奋状态，产生莫名其妙的心火。如果将粉红色作为点缀，或将颜色的浓度稀释，淡淡的粉红色墙壁或壁纸即能让房间转为温馨。

8. 金色不宜用来做装饰房间的唯一用色。大面积金光对人的视线伤害最大，并使人神经高度紧张，还容易给人浮夸的印象，金色作为线、点的勾勒能够创造富丽的效果。

9. 黑色忌大面积运用在居室内。黑色是最沉寂的色彩，容易使人产生消极心理，与大面积白色搭配才是永恒的经典，在饰品上使用纯度较高的红色点缀，会显得神秘而高贵。

10. 黑白等比配色不宜使用在室内。长时间在这种环境里，会使人眼花缭乱，紧张、烦躁，无所适从，以白色作为大面积主色有利于产生好的视觉感受。

第三节　风格色彩搭配

一、洛可可

法国式的洛可可风格室内应用明快的色彩。嫩绿、粉红、玫瑰红等鲜艳的浅色调，色彩娇艳、光泽闪烁，象牙白和金黄是其流行色。追求纤巧、精美又浮华、烦琐。线脚大多用金色，表现了贵族阶层奢侈、浮华的审美理想和思想情绪。（图4-15）

图4-15

二、维多利亚式风格

在颜色的采用上，用色大胆、色彩绚丽、色彩对比强烈，黑、白、灰等中性色与褐色和金色结合突出了豪华和大气。不同浓烈对比色的混搭出更加华丽繁复的效果。维多利亚风格带来的是视觉上的绝对华丽与分割取舍。（图4-16）

图4-16   图4-17

三、北欧斯堪的纳维亚风格

北极圈内寒冷，阳光非常宝贵。为了弥补光线的不足，北欧风格在颜色的采用上，用色简单，主要以黑、白、灰为主色调，以确保最大程度的光线反弹。浅色调往往要和木色相搭配，创造出舒适的居住氛围。（图4-17）

四、美式风格色彩搭配

1．美式仿古风格：单一深色调

美式仿古风格在材质及色调上都表现出粗犷、未经加工或二次做旧的质感和年代感。它摒弃了巴洛克和洛可可风格所追求的新奇和浮华，用色一般以单一色为主，强调更强的实用性，同时非常重视装饰。

2．美式新古典风格：米色＋咖啡色

美式新古典在色彩上的和谐统一，它的精髓就是让住在其中或每个来做客的人都倍感温暖。房间雅致的米色壁纸、咖啡色的沙发、做旧的木地板和仿古砖让视觉上无限温馨。

3．美式乡村风格：绿色＋土褐色

美式乡村风格非常重视生活的自然舒适性，充分显现出乡村的朴实风味。乡村风格的色彩多以自然色调为主，绿色、土褐色较为常见，特别是墙面色彩选择上，自然、怀旧、散发着质朴气息的色彩成为首选。装饰品多以铁艺、棉麻、陶、瓷为选。

4．现代美式风格：米白色

现代美式风格居室色彩主调为米白色，家具为古典弯腿式，家具、门、窗漆成白色。擅用各种花饰、丰富的木线变化、富丽的窗帘帷幔是西式传统室内装饰的固定模式，空间环境多表现出华美、富丽、浪漫的气氛。（图4-18）

图4-18

往显出家的文化味。

五、中式风格色彩搭配

1．中式古典：红色＋黄色＋黑色

中式古典在色调上，以红、黑、黄等最具中国传统的色调营造家居氛围。强调层次感古典风格的色彩组合相比就不能这样灵活变换。它注重色彩组合给人的细腻感受，色彩的层次和装饰细节的层次，往

2. 新古典中式风格：多以深色家具为主进行场景布置，搭配白、灰白、暖灰、深咖啡等禅风色系装饰。

3. 现代中式：国色＋现代色

现代中式是传统中国文化与现代时尚元素的邂逅，传统的中国风格以中国红、琉璃黄等"国色"为主。而现代中式家居风格不仅运用传统国色，还包含了浅咖、胡桃木、原木、樱桃红等十几种艳丽、现代感强的色彩。（图 4-19）

六、地中海三大色彩搭配

1. 经典地中海：蓝色＋白色

蓝与白是比较典型的地中海颜色搭配。希腊的白色村庄与沙滩和珠海、蓝天连成一片，加上墙面、小鹅卵石地、拼贴马赛克、金银铁的金属器皿，将蓝与白不同程度的对比与组合发挥到极致。

2. 情调地中海：黄色＋绿色

橙色、金色、黄色是意大利家居风格的主色调。南意大利的向日葵、南法的薰衣草花田，金黄与蓝紫的花卉与绿叶相映，形成一种别有情调的色彩组合，十分具有自然的美感。

3. 质朴地中海：土黄＋红褐

土黄及红褐色为质朴地中海的主要色调，这是北非特有的沙漠、岩石、泥、沙等天然景观颜色，再辅以北非土生植物的深红、靛蓝，加上黄铜，带来一种大地般的浩瀚感觉。（图 4-20）

图 4-19

图 4-20

七、东南亚色彩搭配

东南亚传统风格主题色彩以深浅不同的棕色、褐色、深红色和绿色为主，一般取色于自然色，且色彩饱和度高，尤其侧重于深色。东南亚风格的色彩多通过布艺软装体现，硬装还是偏向于原始且朴素的色彩。（图 4-21）

八、法式乡村风格色彩搭配

法式乡村风格多采用淡雅自然的颜色组合，例如米白色、奶油色、米黄色、淡棕色、淡蓝色、水粉色、

图 4-21   图 4-22

灰色等低纯度色彩，营造休闲、宁静和高贵的法式风情。(图 4-22)

九、现代简约风格色彩搭配

现代简约装饰风格的特色是将设计的元素、色彩、照明、原材料简化到最少的程度。黑色、白色、灰色展现出现代风格的明快及冷，这样的无色彩最能表现现代简约风格的简单。但居家若是过于冷调也容易流于冷漠，无色彩可以做跳色，以单面墙来呈现；除此之外，要配浅色木皮，都能突显空间的个性。在此色调的基础上，现代简约风格主要材质是天然材质或仿天然材质的元素作为发挥的好素材。多使用不锈钢、大理石、玻璃或人造材质等工业性较强的材质，以及强调科技感的未来空间感的元素。在家具的选择上，通常采用单一色系、线条简单、没有多余繁复的装饰或缀饰的简约风格家具。(图 4-23)

图 4-23

第五章　软装饰设计元素之家具

第一节　世界家具的历史

世界各国的家具在其发展过程中，因受时代和地域、艺术流派和建筑风格的影响，在造型、色彩、材料和制作技术上都有着显著的差别，从而形成了各自特殊的风格。中国传统家具具有悠久历史和独特风格，在世界家具史上占有十分重要的地位。17—18 世纪的欧洲古典家具曾受中国风格的影响而发生过巨大的变化。

古代家具以古埃及家具为开端，亚述和希腊早期家具都曾受到埃及的影响。公元前 5 世纪，古希腊家具随其文化的高度发展而出现了新的形式，进而影响到罗马家具的发展。

古埃及家具：欧洲家具源于古埃及，五千年前的古埃及已经有了相当完善的家具体系。法老专制体制从一方面禁锢了艺术的创作自由，并确立了种种艺术规范；另一方面，也正是这些规范导致了古埃及艺术的统一风格和宏伟巨作的产生，也使埃及艺术保持了稳定的传统，形成了自由独特的风格。埃及人对"死后生活的崇拜"这一特殊的宗教信仰也深刻地影响着他们的艺术风格。

动物矮背椅-1　　动物矮背椅-2　　兀鹰

图 5-1 古埃及家具中的神话动物图案

当时人们崇尚自然，常用动植物造型作为家具设计的元素，并饰有金箔、宝石、象牙等珍贵材料。古埃及家具的许多比例、尺寸、工艺等一直沿用至今。（图 5-1）

亚述家具：在西亚建筑遗迹的浮雕上，记载着公元前 7 世纪亚述家具的形象，其品种、造型和装饰与古埃及家具十分相似。较具特色的是旋木椅脚的出现，以及在榻、椅和凳上都铺设有穗子镶边的软垫，显示出华丽的东方色彩。

古希腊家具：希腊艺术的形成、发展与其社会历史、民族特点、自然条件有着密切的关系，奴隶制的城市国家中自由市民生活的发展，为古代希腊艺术的繁荣奠定了基础；温和的气候使希腊人有着广阔的露天活动和运动场所，成为希腊艺术创造的必要条件；沿海城邦与贸易的发展，使希腊艺术得以吸收东方文化之长处，发展和成熟。公元前 5 世纪以后，古希腊家具出现了新的形式。典型

图 5-2

的是被称为"克里斯莫斯"的希腊椅子，采用优美的曲线形椅背和椅腿，结构简单、轻巧舒适。家具的表面多施以精美的油漆，装饰图案以在蓝底上漆画的棕榈带饰的卍字花纹最具特色。古希腊时期的家具已不只是王公贵族所特有，它具有大众性和社会性，减少了不必要的虚饰。简单、纯净、和谐、完美的艺术创造，让后世惊叹不已，是西方家具文化最深刻的根源之一。（图5-2）

古罗马家具：拉丁人所创建的罗马帝国，兼收并蓄古代世界的各种文明，在文学、艺术、政治、军事、法律等多个领域为后代留下了丰富的遗产，弥补了希腊文化的不足，最后确定了欧洲文明的模式。古代罗马艺术在融合了多种艺术的基础上发展起来，其中主要是伊特拉里亚人的和希腊人的艺术。古罗马家具尽管在造型和装饰上受希腊文化影响，但仍具有罗马文化坚厚凝重的风格特征。用材多为青铜和大理石。兽足形的家具立腿较古埃及家具更加敦实，而旋木细工的特征则体现在重复的深沟槽设计上。（图5-3）

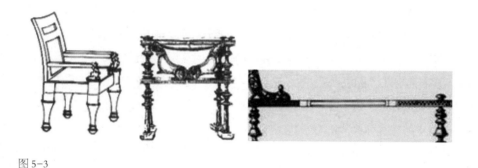

图5-3

中世纪家具：中世纪是一个完全不同于古代奴隶制社会的时期，它是封建社会形成、巩固并最后达到繁荣的时期，也是基督教精神在社会生活和意识形态中占统治地位的时期。欧洲中世纪文化艺术是在东方文化、古希腊罗马文化和北方民族文化的基础上融合而成的基督教文化。中世纪前期的家具风格以拜占庭式和仿罗马式为主流。至14世纪，哥特式家具风靡整个欧洲大陆。整个封建的中世纪，文化艺术完全被宗教所垄断，成为服务于宗教的宣传工具。中世纪前期的拜占庭和仿罗马式家具，属于接受基督教思想的初始时期，还没有摆脱罗马时期家具的形制，造型庄重、庞大，以直线为主，追求建筑的体量感，多用旋木构件和连环拱廊作装饰，形体比较笨重。中世纪后期的哥特式家具，多为封建君主上层社会及教堂家具，其造型和装饰特征与当时的建筑一样，完全以基督教的政教思想为中心，旨在让人产生腾空向上，直指天空与上帝同在的幻觉，并形成崇高、神权的至高无上，产生惊奇和神秘的情感。同时，哥特式家具还呈现

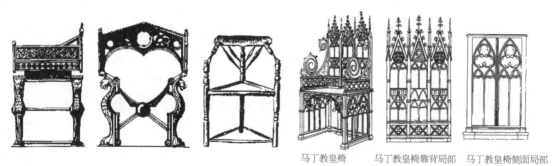

马丁教皇椅　马丁教皇椅靠背局部　马丁教皇椅侧面局部

图5-4 仿罗马式家具　　　　图5-5 哥特式家具

出了庄严、威仪、雄伟、豪华、挺拔向上的气势，其火焰式和繁茂的叶饰雕刻装饰，是兴旺、繁荣和力量的象征，具有深刻的寓意性。哥特式家具是人类彻底地、自发地对结构美追求的结果，它是一个完整、伟大而又原始的艺术体系，并为接踵而来的文艺复兴时期家具奠定了坚实的基础。（图5-4、图5-5）

文艺复兴时期的家具：文艺复兴的核心就是肯定人性和人道，要求把人们从宗教的束缚中解放出来。当时，由于教会权势逐渐衰退，学术研究日趋自由，使欧洲文明开始从以"神"为中心的思想桎梏中解脱，转而研究以"人"为中心的古代文化，倡导认识自然，热衷科学，造福人生，并因而促成了近代文明的萌芽。

在15世纪的意大利，随着资产阶级的萌芽和发展，掀起了对古希腊、古罗马家具模仿的高潮，并在其基础上增加了新的创造元素。此时期的家具多以胡桃木、桃花心木等名贵木材制作。（图5-6）

图5-6

巴洛克式家具：巴洛克风格以浪漫主义的精神作为形式设计的出发点，一反古典主义的严肃、拘谨、偏重于理性的形式，而赋予了更为亲切和柔性的效果。巴洛克式风格虽然脱胎于文艺复兴时代的艺术形式，但却有其独特的风格特点，它摒弃了古典主义造型艺术上的刚劲、挺拔、肃穆、古板的遗风，追求宏伟、生动、热性、奔放的艺术效果。巴洛克风格可以说是一种极端男性化的风格，是充满阳刚之气的，是汹涌狂烈和坚实稳定的。（图5-7）

图5-7

洛可可式家具：在 18 世纪的法国，人们厌倦了巴洛克的喧嚣和放肆，对轻盈、自由、纤巧的艺术造型产生了兴趣，便产生了洛可可式风格。家具造型基调为凸曲线及贝壳状的螺旋曲线，配以精细纤巧的雕饰，S 形弯脚设计已被固化，同时用海贝、花叶、果实、绶带、卷涡和天使组成华丽纤巧的图案，将最优美的形式与尽可能的舒适效果灵巧地结合在一起。（图 5-8）

小桌

图 5-8

新古典家具：18 世纪中期，在法国人对古希腊、古罗马家具艺术再次复古之后意大利、英、美、德等国家家具产生了许多具有"高度简洁、纯朴壮丽"特点的新古典主义风格，如帝政式、亚当式、谢拉顿式等。新古典主义家具装饰艺术是家具历史上最成功的也是最大的一次复古活动，以复兴古希腊、古罗马的艺术为起源，形成了遍及 18 世纪欧洲各国的新古典主义家具风格。以其庄重、典雅、实用的古典主义格调代替了华丽且具有浓厚脂粉气息的洛可可风格家具。综合来看，新古典主义家具可以说是欧洲古典家具中最为杰出的家具艺术，首先它的装饰和造型中的直线应用，为工业化批量生产家具奠定了基础；另外，它还具有结构上的合理性和使用上的舒适性，而且还具有完美高雅而不做作、柔情而不轻佻的特点，是历史上吸收、应用和发扬古典文化，古为今用的典范，也是目前世界范围内仿古家具市场中最受欢迎的一类古典家具形式。（图 5-9）

图 5-9 谢拉顿式

现代家具：18 世纪末，在工业革命的推动下，各种新技术、新工艺、新材料层出不穷，为了便于大规模的机械化生产，现代家具的雏形产生了。在造型上，越来越趋于简单，材料和色彩的运用更加多样、大胆，反对装饰，注重理性与功能的结合。总之现代家具是一个宣扬个性、展示自我的媒介。

后现代家具：19 世纪 50 年代以后"少就是多"的设计思想发展到了极致，家具"简单"到以形式损害内容的地步——简单性原则与功能需求发生了矛盾。而此时产生的后现代主义主张以装饰手法来丰富家具的视觉效果，重视家具对心理的影响，认为满足人们精神上、心理上的需求与满足功能需求同样重要，但其设计核心中的现代内涵是永远无法摆脱的。

第二节　家具的风格

一、中式风格家具

1. 纯中式家具：纯中式风格一般是指我国明清时期的家装风格，其含有很厚的中国文化底蕴。家具款式多为明清红木家具。装饰颜色以红、黑、暗黄为主，图案是中国传统元素。

纯中式风格，可细分为明式和清式。

明式家具风格特点：以气质和韵味取胜，使用者多为文人雅士，整体色泽淡雅，风致楚楚。图案以名

花异草或字画为主，造型简洁流畅，极具艺术气息。（图5-10）

清式风格家具特点：以富贵精致取胜，气质恢宏，金碧辉煌。使用者多为皇亲国戚。家具造型庞大，精雕细琢，雕龙刻凤，自有一种富贵堂皇的气概。图案以龙、狮、凤、龟、麒麟等象征富贵荣华的为主，造型精雕细琢、繁复厚重，富贵之气一览无余。（图5-11）

2. 中式新古典家具：中式新古典设计风格移植了明清古典家具遗风，装饰元素继承了新古典风格以及后现代风貌，保留了传统中国中庸文化的人文气质，结合现代科技工艺，呈现出有别于传统中式的风格，更符合现代人的审美观念。整体气质恬淡舒适，高贵典雅，中庸大度。（图5-12）

图5-10 明式扶手椅和明式圆交椅

图5-11

二、欧式古典风格家具

典型的古典欧式风格，以华丽的装饰、浓烈的色彩、精美的造型达到雍容华贵的装饰效果。古典风格又可以细分为哥特式、巴洛克、洛可可三种风格。

图5-12

1. 哥特式家具特点：哥特式一般是指建筑风格，14世纪后，哥特式建筑上的装饰纹样开始被应用于家具。最易辨别的特征是家具顶端被处理为尖顶形。其他主要特征在于层次丰富和精巧细致的雕刻装饰，最常见的有火焰形饰、尖拱、三叶形和四叶形饰等图案。常用的木材是橡木。颜色以黑色、金色为主，有神秘的宗教、魔幻感觉。此风格在国内很小众。

具体有以下特点：

（1）14世纪末，哥特式室内装饰向造型华丽、色彩丰富明亮的风格转变，当时的家具多模仿建筑拱形线脚造型。

（2）采用哥特式建筑主题如拱券、花窗格、四叶式建筑、布卷褶皱、雕刻和镂雕等设计家具。

（3）哥特式柜子和座椅多为镶嵌板式设计，既可用来储物又可用来当作座位使用。

（4）家具上采用尖顶花饰，以浅浮雕的形式来装饰箱柜等家具的正面。

（5）在沉重顶盖上刻有四叶饰图案，采用尖拱、窗饰及早期哥特式的怪兽、人物等图案。采用了一种"折叠亚麻布的形式装饰"。（5-13）

2. 巴洛克家具特点：繁复夸张、气势宏大、富有变化、色彩浓郁、浪漫激情是巴洛克主要特点。装饰常使用曲线，曲面，断檐，层叠的柱式，或者叠套的山花等不规则的古典柱式的组合。颜色以金色、暗红

图5-13

图5-14

等色彩浓重的颜色为主。家具形制采用直线和圆弧相结合，注重对称的结构，椅子多为高靠背，并且下部一般有斜撑以增强牢固度，桌面多采用大理石镶嵌。代表作品有意大利的耶稣会教堂、法国的凡尔赛宫和奥地利的麦尔克修道院等。（图5-14）

3. 洛克可家具特点：小巧、实用、不讲究气派、秩序，呈现女性气势。大量运用半抽象题材的装饰，

以流畅的线条和唯美的造型著称，常使用复杂的曲线，难于发现节奏和规律，装饰母题有贝壳、卷涡、水草等等。取之自然，超乎自然，但造型偏于烦琐。尽量回避直角、直线和阴影，多使用鲜艳娇嫩的颜色，金、白、粉红、粉绿等。（图5-15）

图5-15

三、欧式新古典风格家具

欧式新古典风格特点：新古典主义的设计风格其实是经过改良的古典主义风格。欧洲文化丰富的艺术底蕴，开放、创新的设计思想及其尊贵的姿容，一直以来颇受众人喜爱与追求。新古典家具在古典家具的款式中融合了现代的元素，符合现代人的审美视觉享受。既有古典的韵味，又有现代的设计感，功能性也更强。整体色泽为金色、棕色、暗红色、银灰色等较暗的奢华颜色。新古典主义时期的家具设计师借鉴建筑的形制，以直线和矩形为造型基础，并把椅子、桌子、床的腿变成了雕有直线凹槽的圆柱，脚端又有类似水果的球体，较多地采用了嵌木细工、镶嵌、漆饰等装饰手法。这时的所有家具式样精炼、简朴、雅致，做工讲究，装饰文雅，曲线少、直线多；旋涡表面少，平直表面多，显得更加轻盈优美，家庭感更加强烈。最喜欢用的木材是胡桃木，其次是桃花心木、椴木、乌木等。以雕刻、镀金、嵌木、镶嵌陶瓷及金属等装饰方法为主。装饰题材有玫瑰、水果、叶形、火炬、竖琴、壶、希腊的柱头、狮身人面像、罗马神鹫、戴头盔的战士、环绕"N"字母的花环、月桂树、花束、丝带、蜜蜂及与战争有关的题材等。（图5-16）

图5-16

四、美式家具

美式风格家具根植于欧洲文化，与新古典类似。但美式风格更粗犷简洁、崇尚自然、功能多用。颜色较单一，不像欧式多以金色或其他颜色装饰。怀旧、浪漫和尊重时间是对美式家具最好的评价。

美式家具特别强调舒适、气派、实用和多功能。家具特点在于优

雅造型、清晰纹路、质朴色调、细腻雕饰、舒适高贵，透露出历史和文化的内蕴。采用胡桃木和枫木，为了凸出木质本身的特点，它的贴面采用复杂的薄片处理，使纹理本身成为一种装饰，可以在不同角度下产生不同的光泽。这使美式家具比金光闪耀的意大利式家具来得耐看。五金装饰比较考究，小小一个拉手便有上百种造型，正是这些小玩意使美式家具更具异乡情调。从造型来看，美式家具可分为三大类：仿古、新古典和乡村式风格。

仿古风格家具：美式家具的基础是欧洲文艺复兴后期各国移民所带来的生活方式。从许多 18、19 世纪世代相传下来的经典家具作品中可以看出，由于早期美国先民的开拓精神和崇尚自然的原则，造型典雅，但不过度装饰的家具成为典型美式家具的代表作。

新古典风格家具：在古典家具设计求新求变的过程中应运而生。设计师将古典风范与个人的独特风格和现代精神结合起来，使古典家具呈现出多姿多彩的面貌，成为新古典风格的主要特色。

乡村风格家具：在美式家具中一直占有重要地位，由于它造型简单、明快，而且实用，长久以来受到各国消费者的喜爱。外观和用料仍保持自然、淳朴的风格，隐藏设计的抽屉收纳了空间，使其看起来更整洁、美观。（图 5-17）

图 5-17

五、田园风格家具

之所以把田园风分离出来独立成文，是因为这种风格极易识别且受众较多。它主要分为英式和法式这两种风格。碎花、条纹、苏格兰格是英式最大的特色，乡村味十足。法式则多洗白处理，配色大胆，更显法式的优雅与情调。有的是英式的惬意，有的则有着法式的情调，无论哪一种，表达的是欧美质朴的乡村农村的生活面貌，是一种田园牧歌的沉稳生活和豁达。

英式田园家具的特点：主要在华美的布艺以及纯手工的制作，布面花色秀丽，多以纷繁的花卉图案为主。碎花、条纹、苏格兰图案是英式田园风格家具的永恒的主调。家具材质多使用松木、椿木，制作以及雕刻全是纯手工的，十分讲究。（图 5-18）

图 5-18

图 5-19

图 5-20

法式田园家具的特点：主要在于家具的洗白处理和做旧效果，家具的洗白处理能使家具呈现出古典美，而椅脚被简化的卷曲弧线及精美的纹饰也是法式优雅乡村生活的体现。（图 5-19）

六、现代风格家具

现代风格定义很广泛，更贴近现代人的生活，材质也多为新材料如不锈钢、铝塑板等。它包括很多种流派如极简主义、后现代风格，但总体来说造型简洁利落、注重功能，是工业社会的一种体现。

1. 现代简约风格家具

强调功能性设计，线条简约流畅，色彩对比强烈，多使用一些纯净的色调进行搭配，这是现代风格家具风格的特点。大量使用钢化玻璃、不锈钢等新型材料作为辅料，也是现代风格家具的装饰手法，能给人带来前卫、不受约束的感觉。由于线条简单、装饰元素少，现代风格家具需要的软装配合，才能显示出美感。例如沙发需要靠垫、餐桌需要餐桌布、床需要窗帘和床单陪衬，配饰设计到位是现代风格家具装饰的关键。（图 5-20）

2. 后现代风格家具

后现代时尚家具文化理念，吸收并提升欧洲古典主义风格，洞悉新贵一族渴望自由、崇尚个性的需求，经过孕育、融合、诠释和不断创新，让欧式贵族的奢华与后现代的简约完美融合，给人带来耳目一新、魅力持久的高品位家居体验。

家具特点：

(1) 简约奢华的设计理念，造型以矩形为基本框架，稳重奢华，简约明朗，厚实大方，散发出一种独特的男性魅力。板件的边角又巧妙地运用了椭圆形处理，使用大量精巧优雅的弧线设计，富有韵律之美，温文尔雅、卓越超群，颇具前瞻性、不拘一格的设计理念，迎合新贵一族的审美品位。

(2) 质感尊贵的上乘材料，打破了以往家具产品材料使用的单一性，将木材、金属、玻璃、皮革、布艺等各式材料，完美糅合多种材料的物理性能和装饰美感，大量采用进口胡桃木、香果树榴、安妮格等珍贵木材，由手工低着色到抛光处理，经过近十道油漆加工工序处理将木质不同角度的光影变化和美妙肌理表现得更为透彻。

图 5-21

(3) 现代与古典的融合。后现代家具常常在家具中局部采用古典装饰要素，或是将古典要素分解，然后糅进现代家具的某些部位。此外十分注重材料之间的组合，如廉价与贵重、光洁与粗糙的组合等，使产品成为一个和谐的复杂系统。

(4) 手工艺外观的再现。

(5) 过分夸张的造型和变异。后现代家具由于使用功能降低，审美功能上升，使得它的外观形式及结构完全没有固定的程式可依。表现形式天真、滑稽到怪诞离奇等。一切幻想形式可以实现的境地。（图 5-21）

七、民族风家具

本书所指"民族风"，是指小众化、民族风浓厚的家具风格，所以把中式和欧式从此抽离出来。民族风有很多种，本书选择主要风格略作描述。

图 5-22

1. 地中海风格家具

地中海风格具有着独特的美学特点，有很浓的地域特色。一般选择自然的柔和色彩，在组合搭配上避免琐碎，显得大方、自然，散发出的古老尊贵的田园气息和文化品位。

(1) 家具上喜欢擦漆做旧处理，这种处理方式除了让家具流露出古典家具才有的隽永质感，更能展现家具在地中海的碧海晴天之下被海风吹蚀的自然印迹。

(2) 尽量采用低彩度、线条简单且修边浑圆的木质家具。（图 5-22）

2. 东南亚风格家具

东南亚风格以其热带雨林的自然之美和浓郁的民族特色风靡世界。它的设计取材自然，色彩斑斓高贵又有着古拙的禅意。有着很强的民族神秘性和宗教氛围。东南亚家具大多就地取材，比如印度尼西亚的藤、马来西亚河道里的水草（风信子、海藻）以及泰国的木皮等等纯天然的材质，散发着浓烈的自然气息。色泽以原藤、原木的色调为主，大多为褐色等深色系，在视觉感受上有泥土的质朴，加上布艺的点缀搭配，非但不会显得单调，反而会使气氛相当活跃。在布艺色调的选用上，东南亚风情标志性的炫色系列多为深色系，且在光线下会变色，沉稳中透着一点贵气。多用柚木、檀木、芒果木等材质的木雕和木刻家具，泰国木雕家具多采用包铜装饰，印度木雕家具则多以金箔装饰；精致的刺绣毯能烘托东南亚传统风格主题特色；昏暗的照明（蜡烛）、线香、流水等，打造清净、净化身心的环境。（图 5-23）

3. 日式家具

经典的日式风格和中式古典风类似，但以情调取胜，禅意悠远意境深邃。榻榻米、糊纸格子拉门代表性最强。最大限度地强调其功能性，装饰和点缀极少，直线造型，线条简洁，且家具较低矮，使用功能很强。即使偶有装饰，也在理性节制规则的范围之内。榻榻米、糊纸格子拉门代表性最强。这应该说和日本民族的性格有关，日本人讲究禅意，淡泊静心，清新脱俗。所以家具风格极少过于豪华、奢侈。由此可窥日式家具的风格。（图 5-24）

图 5-23

图 5-24

八、现代北欧家具

现代北欧家具充分融合斯堪的纳维亚人对周围事物的一种暖人心脾的"亲切感"，考虑产品的构造、材料的选择、功能的表现性，此类家具产品不刻意追求革新，而是平稳协调地发展，不走极端。北欧风格总是给人简洁、无瑕的感觉，透出现代简约的时尚感。

北欧的斯堪的纳维亚设计，是北欧历史长期孕育的产物，深深地根植于北欧自然地理、民族、文化、语言以及社会体制。它的人性化、独创性、生态性、科学性、工业化，符合现代年轻人对简约、时尚的追求。（图 5-25）

图 5-25

图 5-26

九、现代意大利家具

从 20 世纪 60 年代开始，塑料和先进的成型技术使意大利家具设计创造出了一种更富有个性和表现力的风格。大量的塑料家具、灯具及其他消费品以其轻巧、透明和艳丽的色彩展示了新的风格，完全打破了传统材料所体现的设计特点和与其相联系的永恒价值。

意大利这些本土化的现代产品设计更具原创力和想象力，意大利的家具让世人真切感受到创意的惊喜，不知不觉间，生活也被赋予了不同的定义，适合所有向往高端生活享受的人群。（图 5-26）

十、地中海风格家具

地中海风格的基础是明亮、大胆、色彩丰富，绚丽多姿的色彩融汇在一起。地中海家具以其极具亲和力的田园风情，柔和的全饱和色调和组合搭配上的大气，在全世界掀起一阵地中海旋风。总结一点，地中海的颜色特点就是：无须造作，本色呈现。

地中海风格的最大魅力，来自其纯美的色彩组合。色彩元素的巧妙组合可以给人带来舒适的视觉感受，同时又给人休闲、浪漫、自由的感觉，符合追求高品质浪漫生活的小资情调。（图 5-27）

图5-27

第三节　家具的属性分类

一、材料的分类

1.实木家具：指由天然木材制成的家具，这样的家具表面一般都能看到木材美丽的花纹。家具制造者对于实木家具一般涂饰清漆或亚光漆等来表现木材的天然色泽和纹理。（图5-28）

2.板式家具：是以人造板材（中密度板、刨花板、细木工板等）为基材，表面以人造薄木皮或原木色皮、三聚氰胺板等作表面饰面的家具。板式家具的优点是板材成型、性能稳定不易变形，加工和运输都较为方便。（图5-29）

图5-28　　　　　　　　　　　　　　　　　　　　　　　图5-29

3.软体家具：由框架加海绵、外包或皮构成的家具，主要有沙发和床。皮制家具质地柔软、透气、极为保暖，能够给予人最舒适的感受，而且真皮十分耐用、好保养。如果家里有长者，可为其选张天然皮革所制成的沙发。若是家中有饲养宠物，那么就要考虑是否使用皮制家具，因为皮制家具最怕尖锐物品的伤害，宠物的利爪很可能抓破皮制家具。（图5-30）

图5-30

4.布艺家具以优雅的造型、和谐的色彩、美丽的图案，给居室带来明快活泼的气氛，符合人们崇尚自然，追求轻松的心理，备受人们的青睐。布质家具具有柔和的质感，且具有可清洗可更换布套的特点，清洁维护或居家装饰十分方便并富变化性。除全布质家具外，布材常与藤材或纸纤搭配运用，让使用者更舒适。家中若有活泼好动的幼童，不妨考虑选择此类材质的家具，小孩比较不容易因碰撞而受伤。喜好创意变化的年轻夫妇小家庭，可在选购时订购不同花色的布套，随心情或季节变换，花小钱即可享受

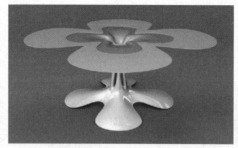

图 5-31　　　　　　　　　　　　　　　　　　　　　　图 5-32

居家变化的乐趣。（图 5-31）

　　5. 金属家具：金属装修家具是从 20 世纪初开始流行的，过去仅有床、架，现在已经有了多种金属家具，其材料也从仅以黑色金属为基材，发展为各种金属材料和轻质高强度合金材料。金属家具色彩明快，线条硬朗，它的出现又给家具增添了一种更新颖、更有装饰美的新形式。（图 5-32）

　　6. 藤艺家具：给人清新自在的感觉，藤制品色彩幽雅，风格清新质朴，融入了现代高超的设计艺术后，藤艺家具具有轻巧耐用、流线性强、雅致古朴的优点，特别它们所张扬的生命力，为整个家居营造出一种朴素的自然气息。藤竹家具是以藤、竹

图 5-33

等为基材编扎而成的家具。藤竹家具轻便、舒适，而且色彩雅致，造型独特，有一种纯朴自然的美感，颇受人们的青睐。但相对来讲，藤竹家具似乎不如钢制、木制家具那么结实，故在使用中要注意保养。（图 5-33）

　　7. 不锈钢及玻璃家具：以钢管、玻璃等材料为主体，并配以人造板等辅助材料制成的家具，具通透感和时代感。玻璃家具是近些年来发展起来的新型家具，用玻璃代替木材、钢材、铜材等制作原料。玻璃家具有光泽、硬度高、经久耐磨、能承受一定的压力，且有便于洗刷的特点，目前市场上的品种、规格越来越多，有电视架、梳妆台、茶几、书架、圆桌、装饰柜等。（图 5-34）

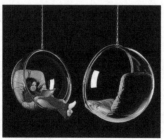

图 5-34　　　　　　　　　　　　　　　　　　　　　　图 5-35

图 5-36　　　　　　　图 5-37　　　　　　　图 5-38　　　　　　　图 5-39

8. 曲木家具除使用天然材料外，薄板层压弯曲，模压成型等新材料、新工艺也广为应用。曲木家具同其他木制家具相比，具有结构简单、轻巧美观、线条流畅、曲折多变、舒适人体的优点。（图5-35、图5-36）

图 5-40

9. 钢木家具是近些年来发展起来的品种，特点是将传统家具制造与机械制造工艺相结合，将传统的木料油漆与电镀、镀铜和钢铁锻压、剪裁技术融为一体，提高了产品美观程度和机械化、自动化水平，节约木材资源，还有牢固、简便、易折叠、好修理的特点。（图5-37）

10. 塑料装修家具是以聚乙烯或聚氯乙烯为原料，压制而成的家具。塑料家具有轻便、宜于造型、色彩明快的特点，流行的塑料家具有桌、椅、床、架和厨房用具。（图5-38、图5-39）

11. 仿藤家具是指一种类似于或是代替藤家具的产品，仿藤家具的材料形似于真藤，就是缺少了天然感。它不同于滕制的桌椅。仿藤家具不怕晒，不怕水洗，结实，比滕桌椅更适合干燥的气候，不变形，不干裂，而且价格便宜。

12. 充气家具是由各种颜色的单面橡胶布粘合成型，经充气后达到设计要求的形体，形成各种造型的家具。充气家具造型丰富、色彩鲜艳、质量很轻、便于携带、不怕雨水，是户外活动和水上活动的理想用具。（图5-40）

二、家具的使用功能分类

1. 桌子类：有书桌，电脑桌，办公桌，台球桌，折叠桌，会议桌，八仙桌，学习桌，餐桌，实木餐桌，大理石餐桌，快餐桌，玻璃餐桌，红木餐桌，四人餐桌，圆餐桌，方餐桌，老板桌等。（图5-41）

2. 椅子类：有书椅，按摩椅，电脑椅，办公椅，折叠椅，餐椅，贵妃椅，太师椅，礼堂椅，老板椅，休闲椅，吊椅，沙滩椅，吧椅，钓鱼椅，升降椅，职员椅，坐便椅，沙发椅，大班椅，秋千椅，会议椅，公园椅，健身椅，儿童椅，化妆椅等。（图5-42、图5-43）

图 5-41 八仙桌　　　　　　　　图 5-42 贵妃椅　　　　　　　　图 5-43 太师椅

3. 柜类：有衣柜，鞋柜，衣帽柜，酒柜，电视柜，消毒柜，保险柜，浴室柜，文件柜，展示柜，通风柜，配电柜，床头柜，隔断柜，储物柜，橱柜，玄关柜，装饰柜，餐边柜，卫浴柜，铁皮柜，档案柜，收纳柜，冷藏柜，保险柜，五斗柜，多斗柜。（图5-44）

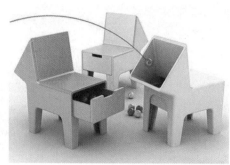

图 5-44 五斗柜   图 5-45 背几   图 5-46

4. 几类：有方几，圆几，角几，背几，根雕茶几，大理石茶几，玻璃茶几，实木茶几，多功能茶几，圆茶几，方茶几，石材茶几，升降茶几，办公茶几，欧式茶几。（图 5-45）

5. 凳子类：有收纳凳，拉筋凳，马蹬，折叠凳，汉代玉凳，更衣凳，休闲凳，小凳子，木凳，石凳，床尾凳，脚凳，化妆凳。（图 5-46）

6. 床类：有婴儿床，沙发床，折叠床，儿童床，榻榻米床，单人床，双人床，双层床，气垫床，罗汉床，高低床，护理床，牵引床，按摩床，充气床，子母床，布艺床，铁艺床，皮床，软床，实木床，橡木床，松木床，榉木床。（图 5-47）

7. 沙发类：有沙发床，布艺沙发，网吧沙发，欧式沙发，真皮沙发，折叠沙发床，实木沙发，KTV 沙发，办公沙发，客厅沙发，转角沙发，足疗沙发，休闲沙发，功能沙发，沙发椅，三人沙发，双人沙发，单人沙发，卡座沙发，木沙发。（图 5-48）

8. 其他类：包括梳妆镜，穿衣镜，装饰镜，书架，衣架，花架，屏风，梳妆台。（图 5-49）

图 5-47 子母床   图 5-48 沙发床   图 5-49 屏风

三、家具使用者分类

1. 办公家具：是指在办公室或家庭里使用的工作的家具。

2. 民用家具：就是居民由于个人需求而使用的家具，不是用来服务于商业的。如自己居住的房子里面使用的家具等。

3. 公共家具：就是非私人家具，比如道路两边的座椅、酒店里面的家具等等。

第四节　不同空间家具的选择与陈设

家具的实用性最重要，直接决定了人们能否生活得舒适自在，精挑细选的家具、慎重考虑过的摆放位置与方式能提高居住者的生活品质，相反，不科学的设计会在很大程度上限制人们的生活方式。

一、玄关

玄关是居室的第一视觉中心，是给人留下最深刻的第一道景观，如同一篇文章的主题名称。选择什么样的艺术品与植物作陈设是主人审美情趣的关键，所以一定要慎重选择。

玄关是居家的过渡空间，也是展示主人居室不同品位的第一视觉中心。它的家具一般分两部分，一是实用美观的鞋帽柜；二是小巧别致的艺术品柜，并要根据房间尺度统一设计规划，所以玄关柜、玄关桌或长凳一般是玄关的首选家具，再配合鲜花、简洁实用的桌摆和可调节明暗的台灯便能轻松打造舒心的氛围。在材质上可分为木质、铁艺、玻璃、石材或者几种材料的组合等；在风格上分为传统的、现代的、欧式的、回归自然的等。

保持主人的私密性，玄关是入门处的一块视觉屏障，避免外人一进门就对整个居室一览无余；同时，也是家人进出门时停留的回旋空间。玄关的设立应充分考虑与整体空间的呼应关系，使玄关区域与会客区域有很好的结合性和过渡性，应让人有足够的活动空间。方便出入放置物品，玄关应充分考虑到其设置的基本功能性，如换鞋、放伞、放置随身小物件等，有些纯属观赏性的玄关除外。玄关的设计切勿繁杂，应以简洁、明快的手法来体现一个家居的特征。材料要简洁明快，材料和色彩运用应尽量做到单纯统一，给人的感觉要自然而轻松。在空间允许的情况下，除了大件家具之外，玄关处还可添置一些小家具以配合整体风格并增加实用性，比如放一张别致的布艺沙发用来换鞋，添一个衣帽架挂一些常用的衣物，还有显眼的装饰镜和台灯，不仅方便整理妆容，也可制造极强的视觉焦点。选择大件玄关家具的时候需注意，虽然玄关桌、柜的长度可根据空间大小调节，但一般高度都要保持在70~80cm范围内，而深度则以35cm为最佳。

现代家庭比较常用的一些玄关家具有以下几种：

边桌，半圆形的桌面配上精致的桌腿，这种玄关桌经典而怀旧。虽然没有储物空间，但它平滑圆润的造型便于通行，不会产生磕碰，适合较窄的通道和玄关。封闭式玄关柜有充足的储物空间，但是因为体积庞大，适用于较大的空间。开放置物架式边桌纤细型的玄关桌，不占空间，加入储物篮可以充分利用空间。

长凳一般用于脱换衣鞋、摆放通勤包，可以通过在上方增加挂钩或在凳下添置储物篮来增加实用性。抽屉式玄关桌较为狭窄不会占用通道，又有适量的储物空间

图5-50 边桌

图5-51 封闭式玄关柜

可以摆放钥匙、信件和狗链。大型的斗柜不太适合狭小的玄关，但是足量的储物空间不仅可以存放日用品，还可以收纳一些换季必需却不常用的东西。桌面配两盏台灯立刻就有了家的温馨。（图5-50至图5-54）

图5-52 开放置物架式边桌　　　　　图5-53 斗柜　　　　　　　图5-54 长凳

二、客厅

客厅既可以是与亲朋好友畅谈团聚的地方，也可以是独自看电视、阅读的地方，因此给客厅选家具的时候最重要的是先考虑这个空间的主要用途。如果喜欢安静地阅读，那么舒适的贵妃椅或者单人沙发再配一个小书架和阅读灯为最佳选择；如果喜欢看电视，那么客厅的主题就要围绕电视墙展开。选家具前严谨地考虑一下整体平面结构图的规划，可以为后续工作节省大量时间和精力。沙发是客厅的灵魂，不论客厅的功能是什么，主体沙发。是必不可少的家具，扎实的框架、紧实有弹性的填充和完美无瑕的压线，是保证沙发持久耐用的重要因素。此外坐陷深度、背靠倾斜度、扶手高度都会影响沙发的舒适度。

客厅沙发套数、位置的摆放也和风水有关。沙发在客厅中的重要地位，犹如国家的重要港口，必须能尽量多纳水，才可兴旺起来。优良的港口必定两旁有伸出的弯位，形如英文字母的"U"字。伸出的弯位犹如两臂左右护持兜抱，而中心凹陷之处正是风水的纳气位，能藏风聚气，以致丁财两旺。所谓有靠，亦即靠山，是指沙发背后有实墙可靠。如果沙发背后是窗、门或通道，亦等于背后无靠山，从心理学方面来说，沙发背后空荡荡，缺少安全感。倘若沙发背后确实没有实墙可靠，较为有效的改善方法是，把矮柜或屏风摆放在沙发背后，这称为"人造靠山"，亦会起到补救作用。沙发背后不宜有大镜，人坐在沙发上，旁人从镜子中可清楚看到坐者的后脑，便大为不妙。而若是镜子在旁不在后，后脑不会从镜子中反照出来便无妨。沙发若是与大门成一条直线，风水上称之为"对冲"，弊处颇大。遇到这种情况，最好是把沙发移开，以免与大门相冲。倘若无处可移，那便只好在两者之间摆放屏风，这样一来，从大门流进屋内的气便不会

图5-55

直冲沙发。沙发若向房门则无大碍，亦无须摆放屏风化解。

在现代家具市场依然经典的一些沙发款式有以下几种：

1. French Settee 小沙发

常见于法国路易十四式风格的客厅，设计精巧、正式而富有立体感，刻意露出的曲线形木制框架与其他全软包的沙发形成了鲜明的对比。（图5-55）

2. Cabriole Sofa

Cabriole Sofa 是流行于18世纪路易十五时期的经典家具，最明显的特点是腿部呈"S"形。从靠背到扶手处均有裸露在外的木框架，通常

图 5-56　　　　　　　　　　图 5-57　　　　　　　　　图 5-58

会加入一些卷曲的线条雕饰。扶手略低于靠背，一般情况下只有软垫，不放靠枕。后来的很多变体为了增加舒适感，也会加入多种色彩的靠枕。（图 5-56）

3．Slipper 沙发

Slipper 的特点在于没有扶手，软包部分紧致贴合，看上去线条流畅、轻便现代。长时间坐靠不如其他沙发舒适，但非常适合小型空间。（图 5-57）

4．切斯特菲尔德沙发（Chesterfield Sofa）

切斯特菲尔德沙发（Chesterfield Sofa）可以追溯到 18 世纪，来自一位名叫切斯特菲尔德的英格兰伯爵，他委托工匠设计一款特殊的家具，要求让人能够挺直地坐在上面，这样衣服就不会起褶皱。于是这款靠背挺直又带有优雅卷边的沙发就此诞生了。特点为有等高的扶手和靠背，经典的拉扣设计以及流畅的造型曲线。从背部到坐垫均采用拉扣设计，既可以固定皮革不至于滑来滑去，又体现出一种节制性的秩序美。Chesterfield 沙发的设计和结构值得称道。其家具品位优雅、意味深长。沙发的绗缝、拉扣以及对皮料的苛刻要求，令其成为精英和富裕阶层的不二之选。Chesterfield Sofa 通常没有靠枕，有一些改良款会加入厚厚的分离式坐垫，加强舒适感。Chesterfield Sofa 被公认为最有"霸道总裁"气质，因而是奢华感的美式装修最爱。但实际上它的经典造型即便放在一个装修简约的现代家居也丝毫不显违和，混搭得好会有出其不意的效果。在 20 世纪，如果主人没有一架 Chesterfield 沙发的话，家就不能称得上完整。有很长一段时间，Chesterfield 沙发一直是高档家具市场的专属，是地位和身份的标志，甚至被称为沙发之母。（图 5-58）

5．Camelback 沙发

源于 18 世纪英国设计师 Thomas Chippendale，他设计了一系列融合了曲线的家具，最经典的线条就是靠背处如驼峰般的弧度，两边略矮，中间呈

图 5-59

弓形的突起，以纯色亚麻为面料，显得摩登现代。实木的沙发腿露在外面，更加增添了一丝经典、雅致。Camelback Sofa 是现今所谓美式或欧式家具中最常用的沙发款式，加入一些元素上的变化。还可以改为可拆洗的座套以方便现代家庭。（图 5-59）

6．Tuxedo 沙发

装饰设计大师 Billy Baldwin 的经典之作，Tuxedo 英文本义是无尾的燕尾服，也能形象地反映 Tuxedo Sofa 的特点：靠背和扶手同高，浑然一体，没有多出来的线条。方方正正的块头很适合简约风，也常有大面积的拉扣装饰。由于扶手略高，两边通常会放上几个抱枕。还有一种与 Tuxedo Sofa 相似的造型叫 Knole Sofa（诺尔沙发），来自于 17 世纪初的英国。两者的区别在于 Knole 的后背微微由底座向外敞开，靠背和扶手之间的转折有柔和的弧度，更具古典主义色彩。不过因为两者都为"无尾"设计，也常被统归入 Tuxedo Sofa 系列。

图 5-60 Tuxedo Sofa

图 5-61 Knole Sofa

图 5-62

7. Lawson Sofa（劳森沙发）

由 19 世纪末 20 世纪初美国的一位商人和作家托马斯·劳森打造，他希望让沙发坐起来更舒服。Lawson Sofa 的靠枕和坐垫都非常厚实，扶手略低于靠背，且微微卷起或直接是方形，整体给人一种憨实而容易亲近的感觉。Lawson Sofa 是典型的百搭款，什么样的风格都能 HOLD 住，可以胜任任何材质的面料以适应不同类型的装修风格，皮革贵气，丝绒典雅，布艺清新，因而是市面上应用率最广的沙发款式之一。(图 5-62)

图 5-63

图 5-64

图 5-65

8. Bridgewater Sofa

又名 English Rolled Arm Sofa(英式卷臂)，它的历史可以追溯到 20 世纪初，具有典型的英国乡村风格。坐垫柔软宽大，扶手略凹陷，向外微微翻卷。最经典的英式三座会遮挡腿部中的裙边，犹如英国贵妇般端庄。但有时也会露出四个短小的沙发腿。Bridgewater Sofa 在很多英剧和美剧中都能见到，是欧美普通家居中的常客，因为它优雅、休闲、舒服，被认为是交谈或者看电视的最佳伴侣。(图 5-63)

9. Mid-Century Modern Sofa（现代主义沙发）

起源于从 20 世纪 30 年代中期到 1965 年的设计运动。现代主义强调"形式服从功能"，因此通常造型简洁，无多余装饰。现代主义沙发是简约家居风格中采用最多的，在历代名设计师的手笔下发展出了很多样式，并无统一的符号语言。(图 5-64、图 5-65)

10. Sectional Sofa

Sectional Sofa 其实是把 Mid-Century Modern Sofa 切分或延长，然后重新组合后的结果。因此同样具有典型的现代主义设计风格，不过更具功能性。在 Mid-Century Modern Sofa 的基础上结合了转角椅、沙发椅和躺椅，有 L 形、U 形或简单的一字形，互相之间可以根据居室面积自由组合与增减。Sectional Sofa 比较适合现代风格的房间，要求房间面积比较大。(图 5-66)

11. Loveseat

Loveseat 其实就是小卡座，适合两个人紧紧依偎在一起的紧凑式两人座沙发。可以采用古典式，也可

图 5-66

图 5-67

图 5-68

以是简约的现代式。因为体型较小，所以可以放在阳台、过道、卧室等处做辅助沙发，也可作为超小户型的客用沙发。（图 5-67）

12．功能沙发

功能沙发也叫享受型沙发，不知道哪里按了一个按钮，靠背仰下去，脚踏升起来，普通的沙发就变成了一个舒适的躺椅，有些可能还有电动按摩功能。没错，沙发本来就是让人放松的地方，而功能性沙发的要旨就是，让这种放松更彻底！（图 5-68、图 5-69）

图 5-69

咖啡桌同样是客厅不可或缺的角色，既实用又有一定的装饰作用。高度在 45cm 左右，矮一点会显得更加现代，长度则根据空间大小而定，最简单的判断方法就是达到三人沙发的二分之一到三分之二的长度，这样不论坐在沙发的什么位置都能够触到咖啡桌。咖啡桌应该离沙发 45cm 左右，给腿留下足够的伸展空间但又在可触范围内。从形状上来讲，方形的为其他装饰物提供了一个整洁有序的场景，而圆形的看上去清爽、圆润，柔化家具的硬线条。再配合地毯、窗帘和灯光便可以帮助划分集中区域、营造不同的氛围，使空间看上去更完整到位。（图 5-70、图 5-71）

图 5-70

图 5-71

图 5-72

图 5-73

三．餐厅

餐厅是享受美食、畅所欲言的地方，因此不论是颜色还是布置都应该让人觉得放松、愉悦。如需较多的储物空间，就要求餐边柜功能齐全，既可以储藏餐具、桌布、餐巾，还可以在聚餐时当作临时操作台。当然，餐桌是餐厅无可争议的主角，大部分餐桌在 75cm 左右的高度。应该根据不同的平面结构和功能需求来决定桌面的形状，比如相对于方形餐桌，圆形餐桌更适合聊天聚会。（图 5-72、图 5-73）

1．Pedestal 餐桌

出现于罗马帝国时期，在 18 世纪又重新在英国流行。因为没有桌脚，就座时不易碰撞，非常方便。可以做成折叠或者加板的形式，人多时可以展开，增加空间。（图 5-74）

2．Swedish 餐桌

设计灵感来源于 18 世纪的法式新古典主义风格，这种设计看上去灵巧而休闲，简单的油漆使整体看

图 5-74　　　　　　　　　图 5-75　　　　　　　　　图 5-76

上去随意、毫不做作。（图 5-75）

3. 古典主义餐桌

精致、传统，非常适合代代相传，常以桃花心木和樱桃木为主材，配有伸缩功能。如果想让整体效果看上去随意休闲，可混搭一些其他风格的餐椅。（图 5-76）

4. Farmhouse 餐桌

18 世纪非常流行，通常用作厨房的操作台，带着慵懒的乡村闲情，和现代风格的餐椅很搭。（图 5-77，图 5-78）

5. Trestle 餐桌

这种经久耐用的款式起源于中世纪。通常用较粗糙的原木制造，随着常年使用的打磨，表面木质会越发迷人，但是坐在两头就餐会稍有不便。（图 5-79）

图 5-77　　　　　　　　　图 5-78　　　　　　　　　图 5-79

6. Rustic Modern 风格餐桌

看上去像是粗糙的木头拼接而成，带有质朴、简陋和粗犷的感觉，但正是这种淳朴的木质让极简主义的设计更显温暖，搭配任何款式的餐椅，都毫不逊色。（图 5-50、图 5-81）

一般大一点的餐厅都会配一个餐边柜，可以让整个空间看上去更充实，在形状和材质效果上，餐边柜还会与餐桌、餐椅形成平衡感。一般来说，餐边柜是封闭式的，但如果你还希望展示瓷器和水晶杯之类的收藏，那么不妨选择敞开式或是带玻璃的封闭式餐边柜。因为这样比较通透，除展示收藏外，还能平衡带有桌布的餐桌和全软包的餐椅。在餐桌、餐椅和餐边柜等众多家具聚集的地方，家纺布艺就显得极为重要了，搭配和谐的窗帘、软包和桌布能让整体装饰显得更加温馨。（图 5-82、图 5-83）

图 5-80

图 5-81　　　　　图 5-82　　　　　图 5-83

四、厨房

　　橱柜决定了厨房的整体感觉，然而操作台和周边墙面的选择则能体现使用者的喜好与个性。材质的选择要契合使用者的生活方式并容易打理与保养。例如洗碗池和地面。另外烹饪的地方需要加强照明。让厨房有别于其他房间的重要元素就是整套的橱柜。地柜一般高 88cm 左右，深 61cm 左右，既可以是柜式也可以是抽屉式。顶柜虽然高度多样，但深度一般都在 30cm 左右，且悬挂在高于操作台 40~45cm 的位置，既能够触到又不会碰到头。

　　厨房家具橱柜，要选择合适的材料，对于厨房家具的选择，尤其是橱柜的选择，材料是非常重要的，因为根据一些厨房家具知识，厨房的家具要具有一些特别的特性，那就是防潮、防火、隔热，这样才能保证橱柜的正常的使用，所以在选择橱柜的时候，必须要充分考察使用的材料，毕竟要将安全放到第一位。

　　1. 不锈钢橱柜

　　不锈钢橱柜外观看起来非常现代化，且比较容易清洗，但不锈钢橱柜柜体制作工艺较复杂，成本较高且处理难度较大，市场上已用得越来越少。（图 5-84）

　　2. 实木橱柜

　　实木橱柜环保且美观，一般在实木表面做凹凸造型，外喷漆。但实木整体橱柜的价格一般较昂贵，而相对便宜的所用木材也相对较差一点。（图 5-85）

图 5-84

图 5-85　　　　　　　　　　　图 5-86

图 5-87　　　　　　　　　　　图 5-88

3. 防火板橱柜

防火板橱柜是整体橱柜的主流用材，基材为刨花板或密度板，表面饰以防火板。防火板目前用得最多，但质量参差不起，质量较差的容易出现脱胶、变形的情况。（图 5-86）

4. 吸塑橱柜

吸塑橱柜大多采用一次无缝 PVC 膜压成型工艺，防水防潮，在厨房这种湿度较大的空间里寿命较长，但同时它又经不起高温，表面容易划伤、磕伤，久而久之的话也会慢慢变形。（图 5-87）

5. 有机玻璃橱柜

有机玻璃橱柜看起来时尚又大气，而且清洗较方便，但安装比较麻烦。（图 5-88、图 5-89）

6. 烤漆橱柜

烤漆橱柜基材为密度板，表面经高温烤制而成。烤漆工艺做出的橱柜非常漂亮、华丽，但工艺水平要求高，不然的话容易变色，使用时也要精心呵护，怕磕碰和划痕。（图 5-90、图 5-91）

厨房家具橱柜，五金配件选择也很重要。对于厨房家具知识来说，五金虽然不是主要的部分，但是它作为配件和连接件，也是非常的重要的，尤其是对于橱柜门来说，使用的频率非常的高，要经常进行推拉操作，所以五金件的好坏直接关系到了橱柜的使用寿命。

图 5-89

图 5-90

图 5-91

五、卧室

舒适的卧室是一夜好梦的保证，温馨柔和的色彩搭配、舒适的床品、良好的通风和绿色盆栽都能增加卧室的和谐感，让人彻底放松下来。卧室同样是彻底展现个性的私人空间，法国国王路易十四把宴会厅和沙龙场所装饰得奢华繁复，但卧室却是他情有独钟的简洁风格。所以卧室家具和饰品的选择上可以充分展现主人的喜好，从床开始就有许多风格可供选择。

图 5-92

图 5-93

图 5-94

图 5-95

图 5-96

图 5-97

图 5-98

1. 罗汉床

罗汉床，这种床的名字来源已经无据可考，这是一种类似于双人大沙发的床。这种床的三面都是围子，只留了一面没围，这一面向前开。关于这种床最流行的解释就是其是由弥勒榻转变形成。（图 5-92）

2. 平板床

最常见的床样式是平板床。这种平板床的构造非常简单，它由床头板和床头尾，再加上骨架组成。虽然它的构造非常简单，但并不妨碍它的千变万化。平板床是变换形式最多的床，这种变化大多是床头板和床头尾的变化。不同的床头板和床头尾会构成不同的平板床，而且床头板和床尾板并不是必需品，如果嫌其不好看或者占用空间，也可以把它们卸除。（图 5-93）

3. 四柱床

四柱床起源于 15 世纪。四柱床也是一种常见的床样式。四柱床的发源地是在欧洲，它是一种专门供贵族使用的床。这种床的特点就是宽大、做工精细。它的四个柱子都被细细雕琢过，显示出一种高贵的风格，而且这种雕饰风格是可变的，根据顾客的要求不同，工匠雕刻的图案也不同。（图 5-94）

4. 双层床

双层床也比较多见，尤其是在公共宿舍或儿童房，这是因为双层床比较节约空间。（图 5-95、图 5-96）

5. 软包床

奢华、迷人，柔美中带着英气。舒适的背靠适合倚靠阅读，用铆钉或卷边修饰更显其轮廓感。（图 5-97）

图 5-99   图 5-100   图 5-101

6．巴洛克式床

这种风格可以追溯到 17 世纪的欧洲，床头板经过精心的雕刻，有着华丽、庄严的感觉，配合简约摩登的家具，在减少厚重感的同时，还能通过对比增添时尚艺术感。（图 5-98）

7．北欧风格床

精巧而清新自然，平直的或略带曲线的床头和床尾板可以做成嵌板、藤编或者软包的设计，体现出闲适纯朴的感觉。（图 5-99、图 5-100）

8．雪橇床

纯实木的雪橇床从罗马帝国时期就开始存在了，当代经过软包出来的雪橇床则更为舒适实用。古典的造型略显高贵稳重之感。（图 5-101）

对于床的摆放也有许多讲究：

1．对于床本身，要考虑的是其长度、宽度是否足够，床体是否平整，并且是否具有良好的支撑性和舒适性。至于床的高低，一般以略高于就寝者的膝盖为宜。太高则上下吃力；太低则总是弯腰不方便。切记床不可贴地，床底宜空，勿堆放杂物，否则不通风，宜藏湿气，会导致腰酸背痛。

2．安床不管位于何处，关键在于应该让卧者可以自床上看见卧室的门与窗，并且在黎明时分，会有阳光照射到床上，有助于吸收大自然的能量。

3．床头不能靠门，如果迁就卧室有限的空间，而把床位陈列设计在大门口侧，就犯了卧室的大忌。

4．床位最好选择南北朝向，顺合地磁引力。头朝南或北睡眠，有益于健康，因为人体的血液循环系统中，主动脉和大静脉最为重要，其走向与人体的头脚方向一致。人体处于南北睡向时主动脉和大静脉朝向、人体睡向和地球南北的磁力线方向三者一致，这时人就最容易入眠，睡眠质量也最高，因此南北睡向具有一定的防病和保健功能。床头不可朝西，因为地球由东向西自转，头若朝西，血液经常向头顶直冲、睡眠较不安稳；如果头朝东睡，就会有一种安宁的感觉。

5．床头宜实不宜虚，床头应该靠墙，不可靠窗，床如果不靠墙的话，床头必须有床头板，令头部不至于悬空，并且，床头后面不可是厕所或厨房。

6．床不可对门以免被外人一览无遗，毫无私密性和安全感，也影响休息。如果遇房门相冲，则可以用屏风来挡门，则不仅阻隔了床门相冲，同时也维护了卧室的私密性。

7．不可有横梁压床，以免造成压抑感，也有损人的身心健康。此类情况还包括不可有横梁压卧室门，分体空调室内机不可悬挂于枕头位上方，卧床正上方不可悬挂吊灯，这些都属于横梁压床的范畴。

8．床陈列设计不可对镜，因为人在半梦半醒之间，夜半起床容易被镜中的影像所惊吓，精神不安宁，导致头晕目眩；其次人在入睡时，气能最弱，而镜子是反射力极强的物体，易将人体的能量反射出去，特别是年轻夫妇，如果卧室镜对床，长此以往，易患不育症。如果睡房中有镜子对床，可在晚上盖住它或把它转向墙壁，当然最好的办法是将镜子镶嵌在卧室衣柜内部，照镜时打开，平时不用时将门合上。

9．床头柜陈列设计应高过床，有利提升睡眠者之智慧，并提高睡眠质量。

10．枕头位两侧，不可被柜角或橱角、书桌、化妆台冲射，易使人患偏头痛。叶子尖长的植物、方形或长方形的家具不能太靠近睡床。

六、家庭书房

家庭书房虽然是专心工作学习的地方，但也不能毫无风格、过于单调乏味。书房的配饰需从书桌入手，书桌的摆放地点是考虑的重点。如果业主希望在卧室中辟出一角来工作学习，那么书桌的风格就要配合卧室的整体风格。（图 5-102）

1．Campaign 书桌

由于携带方便，最早由英国军官使用，风格扎实而粗犷，巨大的桌面提供了充足的工作空间。（图 5-103）

图 5-102   图 5-103   图 5-104

2．现代简约书桌

如果房间比较小或希望在阳台有限的空间增加一个书桌，那么小巧、简洁、实用的书桌是非常好的选择。（图 5-104）

3．Secretary 书桌

高大的橱柜和可收缩折叠的桌面板相结合的设计，起源于 18 世纪，在垂直方向增加储物实用空间，使其适用于较小的房间。（图 5-105）

4．古典抽屉式书桌

对称的带桌肚的设计最早由路易十四使用，拥有大量的储物空间，非常实用，庄严却不失装饰性。现

图 5-105   图 5-106   图 5-107

代改良版设计在文件柜的顶部直接加上桌面板，同样实用，更加简洁干净。（图 5-106）

5．Parsons 书桌

20 世纪 30 年代的多功能的经典款，桌腿的宽度和桌面的厚度相同，显得线条分明，干净并具现代感。其他类似的既可以做餐桌也可以做书桌的单品，同样也可以成为书房与众不同的点睛之笔。（图 5-107）

6．古典主义书桌

源于 18 世纪英国的一种边桌，纤细、柔美，带着圆润的弧度。不论放在哪种房间内都美丽迷人。（图 5-108）

图 5-108

第六章　软装饰设计元素之灯具

　　灯具，是指能透光、分配和改变光源分布的器具，包括除光源外所有用于固定和保护光源所需的全部零部件，以及与电源连接所必需的线路附件。

　　早期的灯具设计侧重于照明的实用功能（包括营造视觉环境、限制眩光等），很少考虑装饰功能，灯具造型简单，结构牢固。表面处理不追求华丽，但力求防护层耐用。现如今，灯具的设计，不但侧重艺术造型，还考虑到形、色、光与环境格调相互协调，相互衬托，达到灯与环境互相辉映的效果。由于对装饰效果的追求，使许多注重照明功能的灯具设计者也开始注重其装饰效果，照明功能性的灯具融入了大量装饰性的元素，向装饰艺术品靠拢，使灯具和灯饰两者差别越来越小，灯具与灯饰的概念越来越接近。现在人们说的灯具也就基本指灯饰，从称谓上可以看出，灯具已不仅仅是用来照明的了，它还可以用来装饰空间。

　　由于现代环保意识的普及代表着环保时代已经来临，现在每行每业的发展都要以环保为条件，灯具业也不例外。环保灯具其环保性能的优越性，是今后灯具行业的一个大的发展方向和趋势。现在的人们都主张"低碳生活"，随着消费者对自身健康和环境保护意识的提高，"低碳"生活已经是大势所趋，也是今后发展的必然，而低碳灯具无疑是与低碳环保距离最近的灯具产品。

　　随着"80后"新生代消费群体的成长，个性化消费需求成为了主流，灯具正符合了现代年轻人崇尚个性，展现自我魅力的必然要求，赢得了现代消费者的青睐，因此灯具迅速走俏市场，需求量也在日益膨胀。灯具的出现是行业发展的必然趋势，且我国灯具市场前景广阔，产品丰富和个性这两者是不可分割的，个性化灯具必须具备"个性新意"。

　　基于上述种种，随之而来的灯具选择更加复杂，它不仅仅涉及安全省电，还会涉及灯具的材质、种类、风格、品位等诸多因素。一个好的灯具，可能一下子会成为装饰空间的灵魂，让你的室内空间熠熠生辉，富贵、小资、文艺、温馨等情趣表达都可以通过灯具展现。灯具的选择，首先，要具备可观赏性，要求材质优质，造型别致，色彩丰富；其次，就是要求与营造的风格氛围相统一；再者，布光形式要经过精心设计，注重与空间、家具、陈设等配套装饰相协调；最后，还需突出个性，光源的色彩按用户需要营造出特定的气氛，如热烈、沉稳、安适、宁静、祥和等。

　　现代灯具五彩缤纷、琳琅满目，那么要如何分类呢？根据不同的标准，灯具大体上可以按照以下三个方面进行分类：按照灯具的风格分类，按照灯具的功能造型分类和按照灯具的材质分类。灯具在近些年的变化可谓日新月异。不同风格的灯具有着不同的魅力，灯具与整体家居的风格相适应，才能让整个空间变得更加协调。

第一节 灯具的风格分类

不同风格的家具，对于灯饰的搭配要求也不同。色彩、材质上要协调，风格上要统一。但是由于现状很多灯饰的风格模糊，所以搭配需要灵活运用，同一个灯饰，可以适合不同风格的家装。只要整体氛围协调不冲突，即可灵活使用，不必拘泥一式。

一、中式风格灯具

中式灯的特点：以宫廷建筑为代表的中国古典建筑的室内装饰设计风格。它的设计风格气势恢宏，壮丽华贵，空间比较高，大进深，而且雕梁画栋，金碧辉煌，造型比较讲究对称，色彩对比也比较浓烈。它的材料是以木质材料为主的，图形大多以龙，凤，龟，狮为代表，雕琢比较精细，瑰丽奇巧。其中的仿羊皮灯光线柔和，色调温馨，装在家里，给人温馨、宁静的感觉。仿羊皮灯主要以圆形与方形为主。圆形的灯大多是装饰灯，在家里起画龙点睛的作用；方形的仿羊皮灯多以吸顶灯为主，外围配以各种栏栅及图形，古朴端庄，简洁大方。目前中式灯也有纯中式和简中式之分。纯中式更富有古典气息，简中式则只是在装饰上采用一点中式元素。（图6-1）

图6-1

二、欧式风格灯具

欧式灯是欧式风格为主要的，它是以西洋古典风格，这种风格强调华丽的装饰，浓密的色彩，精美的造型，达到雍容华贵的装饰效果，欧式客厅的顶部喜欢用大型的灯池，并用华丽的系型吊灯营造气氛。欧式灯注重曲线造型和色泽上的富丽堂皇。有的灯还会以铁锈、黑漆等故意造出斑驳的效果，追求仿旧的感觉。

从材质上看，欧式灯多以树脂和铁艺为主。其中树脂灯造型多样，可有多种花纹，贴上金箔银箔显得颜色亮丽、色泽鲜艳；铁艺等造型相对简单，但更有质感。

欧式灯具从风格上还可以分为：古典欧式灯具和新古典欧式灯具。古典欧式灯具：款式造型有盾牌式壁灯、蜡烛台式吊灯、带帽式吊灯等几种基本典型款式。在材料上选择比较考究的焊锡、铁艺、布艺等，色彩沉稳，追求隽永的高贵感。新古典欧式灯具：

图 6-2

又称简约欧式灯具或者欧式现代灯具，它是古典欧式灯风格融入简约设计元素的家居灯饰的统称。新古典欧式灯外形简洁，摒弃古典欧式灯繁复的特点，回归古朴色调，增加了浅色调，以适应消费者，尤其是中国人的审美情趣，其继承了古典欧式灯的雍容华贵、豪华大方的特点，又有简约明快的新特征。（图6-2）

三、美式风格灯具

美式灯具风格主要植根于欧洲文化，与欧式灯相比，美式灯似乎没有太大区别，其用材一致。美式灯依然注重古典情怀，只是风格和造型上相对简约，外观简洁大方，更注重休闲和舒适感。

图 6-3

其用材与欧式灯一样，多以树脂和铁艺为主。（图6-3）

四、日式风格灯具

日式风格纯净、抽象化然后达到美的净化感知自然材质，由景生情，回归原始和自然逐步简约化，善用肌理纹路，多运用单

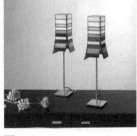

图 6-4

纯的直线或几何形体，或具有节奏的反复的符号化图案。（图 6-4）

五、现代风格灯具

现代风格灯具除了其照明作用之外，更加强调的是装饰作用，一款好的灯饰本身已经是一件好的装饰品、一件好的艺术品。现代灯具简约、另类，追求时尚是现代灯的最大特点。其材质一般采用具有金属质感的铝材、另类气息的玻璃等，在外观和造型上以另类的表现手法为主，色调上以白色、金属色居多，独特的创意、奇特的风格、新颖的设计更适合与简约现代的装饰风格搭配。（图 6-5）

图 6-5

第二节　灯具的造型分类

灯具按照造型分类主要有：吊灯、吸顶灯、壁灯、镜前灯、射灯、筒灯、落地灯、台灯和烛台。灯具的不同造型是由其使用环境和功能决定的，灯具产品本身的造型要与环境相搭配，通过光源的发光来照亮灯饰本身和周围环境，以达到照明和装饰效果。总体来说，其中吊灯、吸顶灯、壁灯、镜前灯、射灯和筒灯是固定安装在特定的位置，不可以移动，属于固定式灯具，而落地灯、台灯和烛台属于移动式灯具，不需要固定安装，用户可以移动使用，它们是可以按照需要自由放置的灯具。

1. 吊灯：吊灯的花样最多，常用的有欧式烛台吊灯、中式吊灯、水晶吊灯、羊皮纸吊灯、时尚吊灯等。用于居室的分单头吊灯和多头吊灯两种，前者用于卧室、餐厅；后者用于客厅安装。吊灯的安装高度。其最低点应离地面不小于 2.2 米。

（1）欧式吸顶吊灯：欧洲古典风格的吊灯，灵感来自古代人们的烛台照明方式，那时人们都是在悬挂的铁艺上放置数根蜡烛，如今很多吊灯都设计成这种款式。

（2）水晶吊灯：晶灯有几种类型，天然水晶切磨造型的吊灯、重铅水晶吹塑吊灯、低铅水晶吹塑吊灯；水晶玻璃中档造型吊灯、水晶玻璃坠子吊灯、水晶玻璃压铸切割造型吊灯、水晶玻璃条形吊灯。

（3）中式吊灯：外形古典的中式吊灯，明亮利落，适合装在门厅区。在进门处，明亮的光感给人以热情愉悦的气氛，而中式图案又会告诉那些浮躁的客人，这是个传统的家庭，更要注意的是，灯具的规格、风格应与客厅配套。

（4）时尚吊灯：大多数人家也许并不想装修成欧式古典风格，现代风格的吊灯往往更加受到欢迎。（图 6-6）

图 6-6

2.吸顶灯: 吸顶灯常用的有方罩吸顶灯、圆球吸顶灯、尖扁圆顶吸顶灯、半圆球吸顶灯。吸顶灯适合于客厅、卧室、厨房、卫生间等处照明。吸顶灯可直接装在天花板上, 安装简易、款式简单大方, 赋予空间清朗明快的感觉。选择吸顶灯的造型、布局组合方式、结构形式和使用材料等, 要根据使用要求、天花构造和审美要求来考虑, 尺度大小要与室内空间相适应, 结构上要安全可靠。(图6-7)

3.壁灯: 壁灯适合于卧室、卫生间照明。常用的有双头玉兰壁灯、双头橄榄壁灯、双头鼓形壁灯、双头花边壁灯、玉柱壁灯、镜前壁灯。壁灯的安装高度, 其灯泡应离地面不小于 1.8 米。这种灯具通常被作为餐厅花灯的配角, 也可以用于过道、卧室、起居室的照明。另外我们也会在浴室的洗漱台的镜子那里看到这种灯的存在（称作镜前灯）, 也是壁灯的一种形式。它们采用的光源包括白炽灯、卤钨灯和节能灯。(图6-8)

图 6-7

4.射灯、筒灯: 射灯和筒灯都是可安置在吊灯四周或家具上部, 也可以置于墙内、墙裙或踢脚线里。光线直接照射在需要强调的家什器物上, 以突出主观审美作用, 达到重点突出、环境独特、层次丰富、气氛浓郁、缤纷多彩的艺术效果。简单地说, 射灯是一种高度聚光的灯具, 它的光线照射是具有可指定特定目标的, 主要是用于特殊的照明, 比

图 6-8

如强调某个很有味道或者是很有新意的地方。筒灯是一种相对于普通明装灯更具有聚光性的灯具, 一般用于普通照明或辅助照明。(图6-9)

5.落地灯: 落地灯, 是指放在地面上的灯具统称, 一般布置在客厅和休息区域里, 与沙发、茶几配合使用, 以满足房间局部照明和点缀装饰家庭环境的需要。落地灯常用于作局部照明, 不讲全面性, 而强调移动的便利, 对于角落气氛的营造十分实用。布置空间

图 6-9

灯饰的时候, 落地灯是最容易出彩的环节, 因为它既可以担当一个小区域的主灯, 又可以通过照度的不同和室内其他光源配合出光环境的变化。同时, 落地灯还可以凭自身独特的外观, 成为居室内一件不错的摆设。根据落地灯的采光方式不同可以分为直接下投射式和间接照明式。落地灯的采光方式若是直接向下投射, 适合于阅读等需要精神集中的活动, 可以调整整体的光线变化。落地灯罩下边应离地面 1.8 米以上。若是

图 6-10

图 6-11

图 6-12

以调整整体的光线变化为主要目的，间接照明式类灯具就比较合适。(图6-10)

6. 台灯、烛台

台灯是人们生活中用来照明的一种常用电器。它一般分为两种，一种是立柱式的，一种是有夹子的。它主要功能是把灯光集中在一小块区域内，便于工作和学习，根据使用功能分类有：阅读台灯和装饰台灯。阅读台灯灯体外形简洁轻便，是指专门用来看书写字的台灯，这种台灯一般可以调整灯杆的高度、光照的方向和亮度，主要是照明阅读功能。(图 6-11)

烛台是指带有尖钉或空穴以托住一支或多支蜡烛的照明器具，精致的烛台可以增添家居生活的情趣。市场上烛台的款式比较多，一般分为欧式和中式两种，可以根据家庭装修风格选择合适的烛台。款式新奇的烛台除了能调节居室空间氛围，还可以利用它奇妙的造型和烛光燃烧时的美丽香气来突出屋主的品位，还可以陈列在博古架上，成为幸福生活的高雅点缀。(图 6-12)

第三节　灯具的材质分类

灯饰按照不同的材质可以分为：水晶灯、铜灯、羊皮灯、铁艺灯、彩色玻璃灯、贝壳灯等类型。

1. 水晶灯：正宗的水晶灯应当是由K9水晶材料制作的。在中国影响广泛，在世界各国有着悠久的历史，外表明亮，闪闪发光，晶莹剔透而成为人们的喜爱之品！

水晶灯主要由金属支架、蜡烛、天然水晶或石英坠饰等共同构成。由于天然水晶的成本太高，如今越来越多的水晶灯原料为人造水晶，灯泡也逐渐代替了传统的蜡烛光源。现在市场上销售的水晶灯大多都是由形状如烛光火焰的白炽灯做光源的。为达到水晶折射的最佳七彩效果，一般最好采用不带颜色的透明白炽灯作为水晶灯的光源。(图 6-13)

2．铜灯：灯具的一种，是以铜作为灯具的主要零部件。有质感、美观，具有一定收藏价值，一般以欧式铜灯为主要流行趋势。主要是指青铜灯具。包含紫铜和黄铜两种材质。铜灯的流行主要是因为其具有质感而且美观的特点，而且一盏优质的铜灯是具有收藏价值的。欧式铜灯是欧洲文化复兴的产物。其风格继承了巴洛克风格的灵动、豪华与多变。是唯美、律动、

图 6-13

注重细节的洛可可结合体。欧式铜灯装饰华丽、色彩浓烈、造型精美，给人以浪漫及惬意之感。古典风格的欧式灯深沉而尊贵，典雅而豪华，制作技艺极高，是成功人士享受欢乐，理念生活之写照。欧式铜灯历来备受社会上层人士的喜爱。

铜灯所用的铜件目前主要还是分脱蜡和翻砂两种，目前常见的铜件都是用脱蜡的工艺来制造。脱蜡的特点是可以把铜件的图案更生动、更精细地体现出来，但是脱蜡工艺的成本很高。目前还有更先进的精铸工艺，用此方法获得的零件一般不需进行加工。它能获得相对准确的形状和较高的铸造精度。（图6-14）

3．羊皮灯：羊皮灯顾名思义就是用羊皮材料制作的灯具，较多地使用在中式风格设计作品中。各种造型新颖的灯具，将人们的居室装点得美观、高雅、舒适。而羊皮灯具正越来越多地成为百姓家居的新宠儿。羊皮灯的制作灵感来自古代灯具的原理。在古代，草原上的人们利用羊皮皮薄、透光度好的特点，用它裹住油灯，用来防风遮雨。现在，那些制造厂家运用先进的制作工艺，把羊皮制作成各种不同的造型，以满足不同喜好的消费者的需求。羊皮灯，装在家里，能给人温馨、宁静感，它仿佛能给渴望休憩、渴望温暖、渴望放松、渴望被亲人抚慰的心灵以抚慰。羊皮灯主要以圆形与方形为主。经过技术开发，其颜色已经突破了原有的浅黄色，出现了月白色、浅粉色等色系，灯饰框架也隐入羊皮

图 6-14

图 6-15

灯罩内，使造型走向时尚。羊皮灯用古韵今风形容很合适，在细致柔亮的羊皮灯光织成的灯语中，观者读出了道不尽的传统情结。它能让一切回归传统，让简约归于稳重、轻快归于厚实、鲜亮归于平淡。（图6-15）

4. 铁艺灯：铁艺灯，奢华典雅的代名词。源自欧洲古典风格艺术，仿欧洲古宫廷式效果。欧式古典的魅力，在于其独具历史岁月的痕迹，其体现出的优雅隽永的气度代表了主人的一种卓越的生活品位。铁艺灯的主体是由铁和树脂两部分组成，铁制的骨架能使它的稳定性更好，树脂能使它的造型塑造得更多样化，还能起到防腐蚀、不导电的作用。铁艺灯的灯罩大部分都是手工描绘的，色调以暖色调为主，这样就能散发出一种温馨柔和的光线，更能衬托出欧式家装的典雅与浪漫。（图 6-16）

5. 树脂灯：使用树脂塑形，成为各种不同形态的造型，再装上灯具。一般用于装饰。（图 6-17）

6. 布艺灯：布艺灯，有时也叫蕾丝灯，一般是由一个铁架打造出灯罩的各种形状，然后再用各种面料罩上并配以精美的绢花和蕾丝花边的配饰，打造出不同风格的灯饰。这类灯的底座基本上是以水晶和树脂为主。（图 6-18）

7. 木头灯：就是用各种各样的木头做的灯具。（图 6-19）

图 6-16　　　　　　　　　　图 6-17　　　　　　　　　　图 6-18

图 6-19

8. 彩色玻璃灯、手工玻璃灯：玻璃技术历经千年早已为人类熟练掌握，不同色彩、质感、条纹、风格的玻璃灯，以不同的姿态、格调、风情出现在每家每户的不同房间中，玻璃灯具常见的有彩色玻璃灯具和手工烧制玻璃灯具。彩色玻璃灯是用大量彩色玻璃拼接起来的灯具。手工烧制玻璃灯具通常是指一些技术精湛的玻璃师傅通过手工烧制而成的灯具，业内最为出名就数意大利的手工烧制玻璃灯具了。手工烧制玻璃的生产工艺包括：配料、熔制、成型、退火四个大的工序，即将混合好的原料在固定的容器内混合均匀，经过高温加热（玻璃的熔制温度大多在 1300℃ ~1600℃），再经过一系列的物理和化学反应，形成均匀无气泡的玻璃液，然后进入玻璃成型的阶段，将熔制好的玻璃转变成具有固定形状的固体制品，玻璃首先由黏性液态转变为可塑态，再转变成脆性固态，整个过程都是人工成型。（图 6-20）

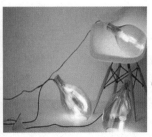

图 6-20

第四节　照明的方式

1. 一般照明：是指某一个区域提供整体照明。也就是环境照明，一般照明可以对该照明区域提供一个舒适的亮度，确保行走、工作的安全性，保证我们能看清物体。可以采用花灯、壁灯、嵌入式灯等具有一定控光性质的灯具。属于基础照明。（图 6-21）

2. 功能照明：就是帮我们完成特殊功能，比如在书桌上看书阅读，在洗衣间洗衣服，厨房里做饭烧菜以及娱乐等。另外，用这些光的时候一定要避免炫光和阴影，而且要足够亮来避免疲劳。（图 6-22）

图 6-21　　　　　　　　　　　　　　　　　图 6-22

3. 焦点照明：给室内增加装饰效果，营造兴奋点。作为装饰运用的一个元素，它可以对绘画作品、雕塑等进行焦点照明，强调其重点，中心所需的照度为该区域周边环境的 3 倍。一般用轨道灯具、嵌入式灯具或壁灯。（图 6-23）

图 6-23

第五节　灯具与灯光在不同空间的运用

灯具在不同的空间里，有时候偏重于照明和色彩的真实还原；有时候侧重于装饰效果；有时两者兼之。选择时，要结合不同用户的不同需求、不同特点、不同用途及室内空间装饰不同要求进行综合考虑。

黑夜里，灯光是精灵，是温馨气氛的营造能手，透过光影层次，让空间更富生命力；白天，灯具化为居室的装饰艺术，它和家具、布艺、装饰品一起点缀着生活的美丽，在居室空间中扮演着举足轻重的角色。随着生活水平的提高，人们对生活环境也提出了更高的要求，对照明的需求也从满足基本需求提升到了利用灯光营造幽雅的室内环境，以满足人们的审美需求。

家居室内环境要配合不同数量、不同种类的灯具，除了满足人们对光质、视觉卫生、光源利用等要求之外，还要体现出不同风格的个性。灯光设计中要合理利用"明与暗"或者"暗与明"之间过渡的变化：灯光不足，给人昏暗、恐怖与阴凉的感觉；灯光过强，直射眼睛，会让人产生眩光。因此需要掌握各类居室灯光应用的要点，避免出现灯光错位。

1. 客厅：是我们活动的一个主要区域，大家会坐在客厅聊天看电视，适合装一个一般照明灯，一些简单的装饰灯，一个非常必要的落地灯。可采用鲜亮明快的灯光设计。由于客厅是个公共区域，所以需要烘托出一种友好，为了烘托出一种友好、亲切的待客气氛，采用鲜亮明快的灯光设计非常有帮助，但是要注意颜色的深浅层次搭配，注重意境营造。（图6-24）

2. 餐厅：吃饭的区域，灯光也是要亮。刺激食欲和营造浪漫是餐厅灯光设计的重要任务，采用浪漫的黄色、橙色等暖色灯光设计是不错的选择。餐桌上加吊灯，可以让进餐的人好好欣赏一下桌子上色香味俱全的美味，更加有食欲。安装要点：高度适当，四目可以相对，没有遮挡；不能吊得太高，保证可以看清餐桌上的美味；不用漫射灯，避免显得太"朦胧"。注意：灯罩下沿距离桌面55~60cm，具体高度根据业主身高具体分析。（图6-25）

图6-24   图6-25

3. 厨房：主要是煮饭炒菜区域，需要功能性的照明，一定要足够亮。厨房一定要增加厨台灯，因为一般情况下橱柜会对吸顶灯的照射起到很大的遮挡作用，人在厨房亮度不够的时候切肉、切菜都会受到很大的影响。厨房的特殊作用决定了它们对照明的实用性有着很高的要求，厨房的灯光设计要明亮实用，色彩不要复杂，当台面光线不足时，可以选用隐蔽式荧光灯来为厨房的工作台面提供照明。（图6-26）

4. 卧室：睡觉的区域，可以装比较柔和的一些灯光来营造温馨的氛围。卧室的灯光应该柔和、安静，比较暗。不要用强烈刺激的灯光和色彩，浅鹅黄色能给人们以温暖、亲切、活泼之感，采用浅鹅黄色光源比较容易营造温馨的就寝环境。而且应避免色彩间形成的强烈对比，切忌红绿搭配。（图6-27）

图6-26   图6-27

卧室中常用的灯具包含床头灯和吸顶灯两种，尽量避免安装吊灯，床头灯还包含床头壁灯和台灯两种。床头灯的运用原则：①如果主人有晚上读书的爱好，可以把床头壁灯放在床中间，看书的人把灯扭向自己方向，不影响枕边人的休息；②尽量不采用夹灯，因为比较容易掉下来伤害到人；③如果主人平时没有在床上读书的习惯，可以在床的两边放漫射的台灯或壁灯，因为只是用来起夜的时候照明，平常还有种朦胧感，能起到调节气氛的作用。

吸顶灯的运用原则：如果卧室内希望增加整体照明亮度，可以通过安装主灯来解决问题，但注意不要安装在床的正中心，因为会给人很不安全的感觉。正确的安装顶灯的位置是在两个床尾角线的中间位置，这样，即使放罗帐、垂珠帘，都不受影响。

5. 书房：看书的区域，一定安静和灯管要亮，但是不能刺眼为好。黄色灯光的灯饰比较适合放在书房里，黄色的灯光可以营造一种广阔的感觉，可以振奋精神，提高学习效率，有利于消除和减轻眼睛疲劳。书房工作台的工作灯具，要选择可以调节高度和方向的工作灯，周围注意要有补光的气氛灯，做好光线明暗的自然过渡。（图6-28）

图6-28

6. 卫生间：上厕所的区域最好明亮为主。对于卫生间来说，最重要的灯光就是洗脸池的灯光，首先强度要够，其次是角度要对，再有就是洗脸台灯光最好要暖光。如果卫生间内空间足够的话，最好在洗脸池上方的镜子两侧都装壁灯；空间不够的话，要在镜子的顶部尽量拉长灯光长度。避免只在头顶天花板上安装一个直射射灯，这样就会像正午阳光一样，把脸部照出个骷髅阴影，会让人看起来老很多。如果要安装射灯，正确的做法是安装在镜子与人脸之间的吊顶位置，这样的角度能满足打

图6-29

光线在脸部，照射出来人脸气色自然就好。正确使用灯光色彩设计可以使室内空间变得典雅、温馨，又有益于身心健康。在一般的空间设计中，光的设计切忌眼花缭乱和反差太大，要非常注意和谐、协调、统一。（图6-29）

7. 玄关：玄关照明是引导主人进入客厅的第一站，它是一个导入光源，明度不宜过亮，光源不要太复杂。在玄关这样不太大的空间里，单一照明就可以了。选用的灯具类型有：顶部可用小巧别致的吊灯或者是吸顶灯；也可用暗藏的光源；还可以在墙壁上加一些造型新颖的壁灯。（图6-30）

第六节 灯光与色彩的运用

室内灯具灯光的布置必须考虑到室内的环境需要，考虑灯光的物理效应，灯光对人的心理效应，还要考虑搭配家具的风格、墙面的色泽、家用电器的色彩，以及灯光与环境的整体色调一致，才能营造出您所期望的情调和氛围，取得最动人的效果。

一、灯光色彩的物理效应

（1）温度感。色彩的温度感是人们长期生活习惯的反应。低色温给人一种温暖、含蓄、柔和的感觉，

图6-30

强化照明作用于空间中主要装饰立面和艺术装饰品。

高色温带来的是一种清凉奔放的气息。

（2）重量感。重量感即各种色彩给人的轻重感不同，我们从色彩中得到的重量感，是与质感的复合感受。

（3）体量感。在一般情况下，色彩给人的视觉感受是：明亮的、鲜艳的，温暖的色有膨胀、扩大的感觉；而灰暗的冷色有缩小的感觉。也就是说体量感是由于色彩的作用，使物体看上去比实际的大或者小。如：

（4）距离感。如果等距离地看两种颜色，一般而言，暖色比冷色更富有前进的特性，两色之间，亮度偏高，饱和度偏高的呈前进性，因此在室内灯光布置上要考虑到环境色彩。

二、灯光色彩的心理效应影响健康

灯光色彩对于人的身心健康有何影响？那么不同的灯光色彩各有哪些具体的心理生理效应呢？

（1）红色灯光：是一种较具刺激性的颜色，通常给人带来这些感觉如刺激、热情、积极、奔放和力量，还有庄严、肃穆、喜气和幸福等等，它给人以燃烧和热情感。但不宜接触过多，过久凝视大红颜色，不仅会影响视力，而且易产生头晕目眩之感。心脑病患者一般是禁忌红色灯光。

（2）蓝色灯光：会令人产生遐想，也是相当严肃的色彩，具有调节神经、镇静安神的作用。蓝色灯光则让人感到悠远、宁静、空虚等等。但患有神经衰弱、忧郁病的人不宜接触蓝色，否则会加重病情。蓝色的灯光在治疗失眠、降低血压中有明显作用。

（3）绿色灯光：绿色是自然界中草原和森林的颜色，有生命永久、理想、年轻、安全、新鲜、和平之意，给人以清凉之感。绿色灯光是令人感到稳重和舒适的色彩，具有镇静神经、降低眼压、解除眼疲劳等作用，所以绿色系很受人们的欢迎。但长时间在绿色的环境中，易使人感到冷清，影响胃液的分泌，食欲减退。

（4）黄色灯光：黄光在光谱中最易被吸收，所以显得健康明亮。它的双重功能表现为对健康者能稳定情绪、增进食欲，对情绪压抑、悲观失望者会加重不良情绪。

（5）橙色灯光：是暖色系中的代表色彩，能产生活力，诱发食欲。

（6）粉红色灯光：实验证明粉红色灯光能使人的肾上腺激素分泌减少，从而可使愤怒情绪趋于稳定。孤独症、精神压抑者不妨经常接触粉红色。

（7）白色灯光：能反射全部的光线，具有洁净和膨胀感。居家布置时以白色为主，可使空间增加宽敞感。白色对易动怒的人可起调节作用，有助于保持血压正常。但对于患孤独症、精神忧郁症的患者则不宜在白色环境中久住。

三、灯光的运用

室内灯光色彩设计方面基本可以从健康原则、协调原则、功能原则等几个方面去协调和运用。

1. 健康原则

人们对色彩运用首先要考虑的就是符合健康原则，美化居室是为了追求美与享受美，但是健康才是首要的。如果灯光色彩运用不当，反而会对身体健康造成严重损害，这样再美的空间也是不符合居住要求的。按照不同色彩对人的心理和生理的影响程度，需要具体掌握各种颜色的心理暗示作用：蓝色可减缓心律、调节平衡，消除紧张情绪；米色、浅蓝、浅灰有利于安静休息和睡眠，易消除疲劳；红橙、黄色能使人兴奋，振作精神；白色可使高血压患者血压降低，心平气和；红色则使人血压升高，呼吸加快。

2. 协调原则

任何事物和谐才是真正的美，居住空间不要使灯光和色彩形成强烈对比，切忌红绿搭配等刺激性色调，因为灯光过于花哨容易使人产生紊乱、繁杂的感觉，严重的会导致疲劳和神经紧张。灯光的色彩必须掌握的协调原则：首先，灯光颜色要与房间大小相互协调，要体现层次感，分清主次，以达到美化居室的目的，房间狭小要选用乳白色、米色、天蓝色，再配以浅色窗帘这样使房间显得宽阔；其次，灯光颜色与墙面色彩协调，选择灯饰和灯光颜色时要考虑墙面色彩和个人喜好因素，如果墙壁和主色是绿色或蓝色，黄色为主调的灯饰可以带给人阳光感；如果墙面和主色调是淡黄色或米色，色调偏冷的吸顶式日光灯，能与墙漆"中和"出柔和的光线氛围。

3. 功能原则

居室灯光颜色的选择，要考虑居室的使用功能，随室内的使用功能的不同而选择不同的灯光色彩，有利于创造平稳、安定、温馨、温暖的色彩环境。比如书房：一般书房的家具台面以栗色和褐色为主，采用活泼、明快的黄色暖光，能调和出清爽淡雅的视觉氛围，黄色的灯光可以在狭窄的学习空间里营造一种广阔的感觉，可以振奋精神，提高学习效率，有利于消除和减轻眼睛疲劳。

第七节 灯具风格与各家具风格的整体搭配

一、中式

中式分为纯中式与中式新古典。

1. 纯中式

纯中式风格，可细分为明式和清式。

明式风格灯饰搭配：可搭配造型精巧简约、色泽淡雅温馨、艺术气息较浓的中式古典灯具。图案可选择菱格、冰裂纹、栅栏纹以及花卉字画类。由于明式风格和

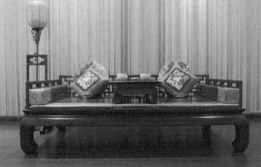

图 6-31

中式新古典有较多的相似之处，所以灯饰某些地方可以通用。（图6-31）

清式风格灯饰搭配：清式家具较为庞大，相应的灯具也要比例适当加大。图案和颜色要以富贵为先，红色居多。木头灯、羊皮灯使用较多。（图6-32）

2. 中式新古典

中式新古典风格灯饰搭配：中式新古典风格的灯饰相对于纯中式，造型偏于现代，只是在装饰上采用了部分中国元素。整体气质恬淡舒适，高贵典雅，中庸大度。搭配风格也可多变。既可以搭配中式家具，也可以适当搭配书卷气较浓的现代风。但是需要注意的是需在其他饰品上加以呼应，例如可以安装同系列的壁灯台灯，摆放些中国元素的装饰品。此风格的灯饰同样适用于日式风格家居。（图6-33）

图 6-32

图 6-33

二、欧式

1. 哥特式

哥特式风格灯饰搭配：造型高耸锋利的蜡烛灯最适合神秘的哥特风格。云石灯同样可以选择。整体颜色需以暗色为主。图案可选用叶子、尖拱、怪兽、花结（特色：球心花结）。（图6-34）

图 6-34

2．巴洛克式

巴洛克风格灯饰搭配：水晶灯、蜡烛灯、云石灯。灯饰造型可选层叠式，造型以曲线为主，图案可选涡卷饰、人像柱、喷泉、水池等。整体风格需要豪华壮丽，且富有变化和想象力。（图 6-35）

图 6-35

3．洛克可式

洛克可式灯饰搭配：梦幻浪漫的水晶灯、蜡烛灯是首要选择。造型上要精致细巧，圆润流畅。颜色则可与家装色调相协调。（图 6-36）

4．欧式新古典

新古典风格灯饰搭配：可搭配有设计感的古典灯饰。低调奢华风格蜡烛灯、水晶灯、云石灯、铁艺灯都比较适合新古典，可选择的灯饰很多，只要搭配得当，效果不俗。（图 6-37）

图 6-36

图 6-37

5．美式

美式风格灯饰搭配：美式风格的家具在很大程度上都与新古典风格相重合，对于灯饰的搭配局限较小，一般适用于欧式古典家具的灯饰都可使用。只需要注意的是不可过于繁复，因为美式风格的精神在于抛弃复杂，崇尚自然。与欧式灯相比，美式灯似乎没有太大区别，其用材一致，美式灯依然注重古典情怀，只是风格和造型上相对简约，外观简洁大方，更注重休闲和舒适感。其用材与欧式灯一样，多以树脂和铁艺为主。（图 6-38）

三、现代

现代家具与灯饰搭配：根据不同的流派可搭配不同的灯饰。大体来讲，多搭以几何图形、不规则图形的现代灯，要求设计创意十足，具有时代艺术感。白色、黑色、金属色居多。（图 6-39）

图 6-38

图 6-39   图 6-40

四、地中海

灯饰选择与家具的搭配：应以自然清新为主，白色和蓝色都可以作为主色调。因其追求的是与自然的和谐，所以应抛弃太过繁复的灯饰造型。云石灯、蜡烛灯、铁艺灯较常用。（图 6-40）

五、东南亚

灯饰要选择与家具风格搭配：偏向自然的藤艺灯、木头灯、布艺灯、铁艺灯、颜色浓烈的陶瓷灯等。如气质较奢华，可选择既有古韵味又低调奢华的灯饰。总之，无论选择什么样的灯饰，一定要表达出民族的特色和韵味。整体颜色需厚重浓烈，且不可失于杂乱浮夸。同时可选择一些本土化的装饰物来相互呼应，使特点更加明确。（图 6-41）

图 6-41

六、日式

灯饰与家具风格搭配：除去中国味道很浓、装饰烦琐的灯饰，其他应用于中式家具的灯饰一般都可用于日式家具。造型以简约韵味为先，不可太过华丽。图案也可选用菊花、俳句、茶道、花艺、禅语、仕女等传统文化符号。木头灯、陶瓷灯、羊皮灯都是不错的选择。（图 6-42）

图 6-42

七、田园

灯饰与家具风格搭配：梦幻的水晶灯、别致的花草灯、情调的蜡烛灯都可用于此种风格。颜色以浅色调为主。图案多以碎花、藤蔓及古典花纹为主。（图 6-43）

图 6-43

7

第七章 软装饰设计元素之布艺

第一节 布艺基础

布料是装饰材料中常用的材料。布料的种类（分类包括有化纤地毯、无纺壁布、亚麻布、尼龙布、彩色胶布、法兰绒）等各式布料。布料在装饰陈列中起到了相当的作用，常常是整个空间中不可忽视的主要力量。大量运用布料进行墙面面饰、隔断以及背景处理，同样可以形成良好的空间展示风格。

一、各面料的特点

1. 根据各面料的材质分

（1）棉布是各类棉纺织品的总称。它的优点是轻松、保暖、柔和、贴身以及吸湿性、透气性甚佳。它的缺点则是易缩、易皱，外观上不大挺括美观。（图7-1）

图7-1

（2）麻布是以大麻、亚麻、苎麻、黄麻、剑麻、蕉麻等各种麻类植物纤维制成的一种布料。它的优点是强度极高，吸湿、导热、透气性甚佳。它的缺点则是穿着不甚舒适，外观较为粗糙，生硬。（图7-2）

（3）丝绸是以蚕丝为原料纺织而成的各种丝织物的统称。与棉布一样，它的品种很多，个性各异。它的长处是轻薄、合身、柔软、滑爽、透气、色彩绚丽，富有光泽，高贵典雅，穿着舒适。它的不足则是易生折皱，容易吸身，不够结实，褪色较快。（图7-3）

图7-2

（4）呢绒又叫毛料，它是对用各类羊毛、羊绒织成的织物的泛称。它的优点是防皱耐磨，手感柔软，高雅挺括，富有弹性，保暖性强。它的缺点主要是洗涤较为困难。（图7-4）

图7-3

（5）皮革是经过鞣制而成的动物毛皮面料。又可以分为两类：一是革皮，即经过去毛处理的皮革；二是裘皮，即处理过的连皮带毛的皮革。它的优点是轻盈保暖，雍容华贵。它的缺点则是价格昂贵，贮藏、护理方面要求较高，故不宜普及。（图7-5）

（6）混纺是将天然纤维与化学纤维按照一定的比例，混合纺织而成的织物，可用来制作各种服装。它的长处，是既吸收了棉、麻、丝、毛和化纤各自的优点，所以大受欢迎，又尽可能地避免了它们各自的缺点，而且在价值上相对较为低廉。常见有棉布、涤棉布、灯芯绒、亚麻布和各种中厚型的毛料和化纤织物等。该类面料可用于突出服装造型精确性的设计中，例如西服、套装的设计。布料以其物理性能不同可分为绝缘及防静电，绝缘材料通常用在日常生活中，而防静电布料主要用于制造防静电工作服，是适用于电子、光学仪器、制药、微生物工程、精密仪器等行业的具有无尘和抗静电性能的特种工作服，其面料一般是嵌织导电丝的合成纤维织物。是为防止衣服的静电积聚，适用于对静电敏感场所或火灾或爆炸危险场所穿用。（图7-6）

图7-4

图7-5

图7-6

（7）化纤是化学纤维的简称。它是利用高分子化合物为原料制作而成的纤维的纺织品。通常它分为人工纤维与合成纤维两大门类。它们共同的优点是色彩鲜艳、质地柔软、悬垂挺括、滑爽舒适。它们的缺点则是耐磨性、耐热性、吸湿性、透气性较差，遇热容易变形，容易产生静电。它虽可用以制作各类服装，但总体档次不高，难登大雅之堂。化纤在发展初期拥有三大优势：一是结实耐用；二是易打理，具有抗皱免烫特性；三是可进行工业化大规模生产，而不像天然纤维占用土地，加工费时费力、产量有限。（图7-7）

①人造纤维

以天然高分子化合物（如纤维素）为原料制成的化学纤维，如粘胶纤维、醋酯纤维。人造纤维主要有粘胶纤维、硝酸酯纤维、醋酯纤维、铜铵纤维和人造蛋白纤维等，其中粘胶纤维又分普通粘胶纤维和有突出性能的新型粘胶纤维（如高湿模量纤维、超强粘胶纤维和永久卷曲粘胶纤维等）。

图7-7

②合成纤维

合成纤维是由合成的高分子化合物制成的。常用的合成纤维有涤纶、锦纶、腈纶、氯纶、维纶、氨纶等。

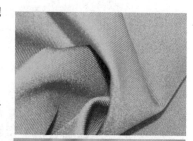

a．涤纶

涤纶的学名叫聚对苯二甲酸乙二酯，简称聚酯纤维。涤纶是中国的商品名称，国外有称"大可纶""特利纶""帝特纶"等。涤纶由于原料易得、性能优异、用途广泛，发展非常迅速，现在的产量已居化学纤维的首位。涤纶最大的特点是它的弹性比任何纤维都强；强度和耐磨性较好，由它纺织的面料不但牢度比其他纤维高出 3～4 倍，而且挺括、不易变形，有"免烫"的美称；涤纶的耐热性也是较强的；具有较好的化学稳定性，在正常温度下，都不会与弱酸、弱碱、氧化剂发生作用。缺点是吸湿性极差，由它纺织的面料穿在身上发闷、不透气。另外，由于纤维表面光滑，纤维之间的抱合力差，经常摩擦之处易起毛、结球。（图7-8）

图7-8

b．锦纶

锦纶是中国的商品名称，它的学名叫聚酰胺纤维；有锦纶－66，锦纶－1010，锦纶－6等不同品种。锦纶在国外的商品名又称"尼龙""耐纶""卡普纶""阿米纶"等。锦纶是世界上最早的合成纤维品种，由于性能优良，原料资源丰富，因此一直是合成纤维产量最高的品种。直到1970年以后，由于聚酯纤维的迅速发展，才退居合成纤维的第二位。锦纶的最大特点是强度高、耐磨性好，它的强度及耐磨性居所有纤维之首。锦纶的缺点与涤纶一样，吸湿性和通透性都较差。在干燥环境下，锦纶易产生静电，短纤维织物也易起毛、起球。锦纶的耐热、耐光性都不够好，熨烫承受温度应控制在140℃以下。此外，锦纶的保形性差，用其做成

图7-9

的衣服不如涤纶挺括，易变形。但它可以随身附体，是制作各种体形衫的好材料。（图7-9）

c．腈纶

腈纶是国内的商品名称，其学名为聚丙烯腈纤维。国外又称"奥纶""考特尔""德拉纶"等。腈纶的外观呈白色、卷曲、蓬松、手感柔软，酷似羊毛，多用来和羊毛混纺或作为羊毛的代用品，故又被称为"合成羊毛"。腈纶的吸湿性不够好，但润湿性却比羊毛、丝纤维好。它的耐磨性是合成纤维中较差的，腈纶纤维的熨烫承受温度在130℃以下。(图 7-10)

d．维纶

维纶的学名为聚乙烯醇缩甲醛纤维。国外又称"维尼纶""维纳尔"等。维纶洁白如雪，柔软似棉，因而常被用作天然棉花的代用品，人称"合成棉花"。维纶的吸湿性能是合成纤维中最好的。另外，维纶的耐磨性、耐光性、耐腐蚀性都较好。(图 7-11)

e．氯纶

氯纶的学名为聚氯乙烯纤维。国外有"天美龙""罗维尔"之称。

氯纶的优点较多，耐化学腐蚀性强；导热性能比羊毛还好，因此，保温性强；电绝缘性较高，难燃。另外，它还有一个突出的优点，即用它织成的内衣裤可治疗风湿性关节炎或其他伤痛，而对皮肤无刺激性或损伤。氯纶的缺点也比较突出，即耐热性极差。(图 7-12)

f．氨纶

氨纶的学名为聚氨酯弹性纤维，国外又称"莱克拉""斯潘齐尔"等。它是一种具有特别的弹性性能的化学纤维，目前已工业化生产，并成为发展最快的一种弹性纤维。氨纶弹性优异。而强度比乳胶丝高2～3倍，线密度也更细，并且更耐化学降解。氨纶的耐酸碱性、耐汗、耐海水性、耐干洗性、耐磨性均较好。氨纶纤维一般不单独使用，而是少量地掺入织物中，如与其他纤维合股或制成包芯纱，用于织制弹力织物。(图 7-13)

2．根据布艺的面料工艺不同分

(1)印花布：在素色胚布上用转移或圆网的方式印上色彩、图案称其为印花布。其特点：色彩艳丽，图案丰富、细腻。 (图 7-14)

图 7-10   图 7-11

图 7-12   图 7-13   图 7-14

（2）染色布：在白色胚布上染上单一色泽的颜色称为染色布。其特点是素雅、自然。（图7-15）

（3）色织布：根据图案需要，先把纱布分类染色，再经交织而构成色彩图案成为色织布。其特点：色牢度强，色织纹路鲜明，立体感强。（图7-16）

（4）提花布：经纱和纬纱相互交织形成凹凸有致的图案，提花布的最大的优点就是纯色自然、线条流畅，风格独特，简单中透出高贵的气质，能很好搭配各式家具，这一点非印花布所能媲美，而且提花面料与绣花和花边结合，更能增添面料的美观性，设计出来的产品大气、奢华，一般可用于高中档窗帘、沙发布料。（图7-17）

（5）提花印布：把提花和印花两种工艺结合在一起称其为提花色布。这种面料最大的特点就是花形富有层次感，一般多应用于高档窗帘。

图7-15

图7-16

图7-17

（6）色织提花布：是指在织造之前就已经把纱线染成不同的色彩再进行提花，此类面料不仅提花效果显著而且色彩丰富柔和，是提花中的高档产品，一般应用于高档的床上用品。

二、布艺的设计要点

居室内的布艺种类繁多，设计时一定要遵循一定的原则，恰到好处的布艺装饰能为家居增添色彩，胡乱堆砌则会适得其反。

1. 色调要统一，家具起决定性的作用

空间中的所有布艺都要以家具为最基本的参照标杆，执行的原则可以是：窗帘参照家具、地毯参照窗帘、床品参照地毯、小饰品参照床品。

2. 布艺饰品尺寸要合适

像窗帘、帷幔、壁挂等悬挂的布艺饰品的尺寸要合适，包括面积大小、长短等要与居室空间、悬挂立面的尺寸相匹配；如较大的窗户，应以宽出窗洞、长度接近地面或落地的窗帘来装饰；小空间内，要配以图案细小的布料，一般大空间选择用大型图案的布饰比较合适，这样才不会有失平衡。

3. 材料要接近

在面料材质的选择上，尽可能地选择相同或相近元素，避免材质的杂乱，当然采用与使用功能相统一的材质也是非常重要的。比如：装饰客厅可以选择华丽优美的面料，装饰卧室就要选择流畅柔和的面料，装饰厨房可以选择结实易洗的面料。

4. 布艺的材质和图案与整体风格相配

整体空间的布艺选材质地、图案也要注意与居室整体风格和使用功能相搭配，在视觉上首先达到平衡的同时给予触觉享受，给人留下一个好的整体印象。例如：地面布艺颜色一般稍深，台布和床罩应反映出与地面的大小和色彩的对比，元素尽量在地毯中选择，采用低于地面的色彩和明度的花纹来取得和谐是不错的方法。

5. 整体意境和风格相统一

在居室的整体布置上，布艺的色彩、款式、意蕴等也要与其他装饰物呼应协调，它的表现形式要与室内装饰格调统一。

三、布艺的图案

布艺的图案可以表达不同的风格特点，正确运用可以让设计作品有亮点，例如：有浓重的色彩、繁复的花纹的布艺适合具有豪华风格的空间，但由于表现力强，较难搭配，设计师需要有足够的功底才可考虑使用；具有简洁抽象图案的浅色布艺，能衬托现代感强的空间；带有中国传统图案的织物最适合中国古典风格的空间。

布艺图案的分类：①按题材分类；②按艺术风格分类；③按地域分类；④按工艺分类；⑤按用途分类。

1. 传统图案

（1）康茄纹样 (Khanga)。公元 7 世纪非洲桑给巴尔和波斯人结合的产物题材：花卉、几何、佩斯利。结构：一个中心，四条边缘，规律性的散点、网格和折线。（图 7-18）

（2）西非民间图案如网格、几何、擒猎、螺线纹样等。（图 7-19）

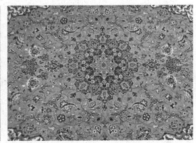

图 7-18　　　　　　　　　　　　　　　　　　　　　　　　　图 7-19

（3）埃及图案以宗教和绘画雕刻为依据，国王统治场景，狩猎、建房、祭祀、舞乐、纺织。（图 7-20）

图 7-20

（4）希腊图案，植物、柱头、花卉、器物题材。（图7-21）

图7-21

（5）中世纪欧洲图案。从公元前476年西罗马帝国灭亡到15世纪，文艺复兴前夕。题材：尖顶建筑、十字架，鸽子、羊、狮子、大象等动物图案和圆圈、连珠纹、绳纹、回纹等几何图案。（图7-22）

（6）文艺复兴图案，可爱的奇异动物、有翅小天使、涡卷形装饰和蔓藤组成的叶饰等。（图7-23）

（7）欧洲伊斯兰图案，花卉、植物、几何题材。（图7-24）

（8）巴洛克，17世纪初直至18世纪上半叶流行于欧洲的主要艺术风格。意思是一种不规则的珍珠。有形式上的骄矜和夸张，但它毕竟是一个阳刚的时期。（图7-25）

（9）洛可可图案：更加纤细、造作和柔弱。（图7-26）

图7-22　　　　　　　　　　　　　　　　图7-23

图7-24　　　　　　　　　　　　　　图7-25

图7-26

（10）法国朱伊图案源于 18 世纪晚期，是法国传统印花布图案，以人物、动物、植物、器物等构成的田园风光、劳动场景、神话传说、人物事件等连续循环图案。其在原色面布上进行铜版或木版印染，特点其一是以风景为母题的人与自然的情景描绘；其二是以椭圆形、菱形、多边形、圆形构成各自区域性的中心，然后在区划之内配置人物、动物、神话等古典主义风格，具有浮雕

图 7-27

效果感的规则性散点排列形式的图案。前者随意穿插，依势而就；后者严谨凝重，排列有序。（图 7-27）

图案层次分明，单色相的明度变化（蓝、红、绿、米色最为常用），印制在本色棉、麻布上，古朴而浪漫。

（11）墨西哥玛雅图案。中美洲墨西哥玛雅人属于印第安分支，题材狩猎、几何、植物等。（图 7-28）

（12）印加图案，南美洲古代印第安人文明。印加为其最高统治者的尊号，意为太阳之子。有动物纹和几何纹，后者较常见，色彩绚丽。（图 7-29）

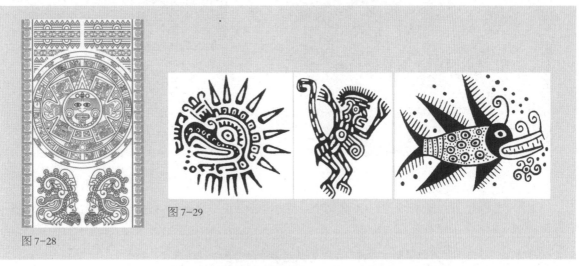

图 7-29

图 7-28

（13）日本友禅图案。和服的图案纹样衣料均称为"友祥绸"，友祥纹样则是图案方式的具体体现。由日本扇绘师宫崎友禅斋创造并得名的，是以糯米制成的防染糊料进行描绘染色的技法。印染、手描、刺绣、扎染、蜡染、揩金等手段相结合。友禅图

图 7-30

案由樱花、竹叶、兰草、红叶、牡丹等植物图案与扇面、龟甲、清海波、雷纹等器物、几何纹样组合描绘。（图 7-30）

（14）佩兹利纹样，产生于印度克什米尔纹样（佩兹利纹原型），引入欧洲模仿（克什米尔纹样＋写实花卉），广泛传播于英国模仿（佩兹利围巾形成）。题材：菩提树叶，无花果截面，生命树，松果截面，水滴状，椰枣状，火焰状，杏仁状。（图7-31）

（15）阿拉伯图案：植物花卉纹、抽象的几何纹样、阿拉伯文字纹样等三大类。

（16）塔帕纹样（Tapa）：一种用树皮制成的非纺织布料，在太平洋岛屿中作为代纺织品，在其面料上绘制的纹样称为塔帕纹样。

（17）夏威夷图案（Hawaii），源于美国夏威夷群岛上的土著波利尼西亚人，在中国也称"阿洛哈（ALOHA'欢迎你'或'再见'）"花样，自1961年开始流行。夏威夷图案多以扶桑花、椰子树作为主要纹样，并配以龟背叶、羊齿草等热带植物、风光及生活景物、海洋生物为背景和辅助图案，同时在纹样间点缀土著语与英文单词。通常都是大花形，配置明快对比的浓烈色彩，风格独特。（图7-32）

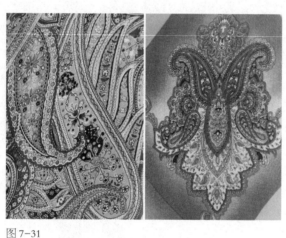

图7-31

图7-32

（18）英国莫里斯图案。19世纪中叶的英国，工业革命时期，威廉·莫里斯为代表的"新艺术运动"应运而起，"人类的手艺，只有在人的灵魂导引下，人的手才能创造出美和秩序，而现在的机械对我们并没有起到改造灵魂之作用"。莫里斯以独特的哲学思想和设计理念创作的设计作品被誉为"古典时代的最后一抹余晖"，最具代表的是棉印织物品，也因此形成了莫里斯图案。图案最大的特点在于内容取材自然，藤蔓、花朵、叶子与鸟是最常见的图形，对称的骨骼、舒展柔美的叶子、饱满华美的朵花、灵动的小鸟、密集的构图和雅致的配色。（图7-33）

（19）非洲蜡防图案。据说是由埃及或东南亚传入的，而与其最大的区别莫过是图案的造型。非洲蜡防图案风格热烈奔放、粗犷刚健、深沉拙朴。图案多以装饰感强烈的块面表现花卉、动物和抽象造型，非常注重底纹表现，抽象生动多变的细线与主花构成有机的整体。色彩多以深褐、米黄、深蓝为主套色，单纯而强烈。（图7-34）

（20）东南亚蜡防图案。产于印度尼西亚和马来西亚的图案，以爪哇地区为代表，亦称爪哇印花布，主要用于纱笼裙，现已发展成具有审美价值的装饰品。用似钢笔的小型黄铜工具蘸蜡液在布上勾勒细腻的图形，再予染色，脱蜡，曾为宫中御用布。多以动植物纹构成，图案紧密细致，色彩对比丰富，呈现的植物造型繁茂华美，动物造型灵动多姿，具有很强的民族特色。（图7-35）

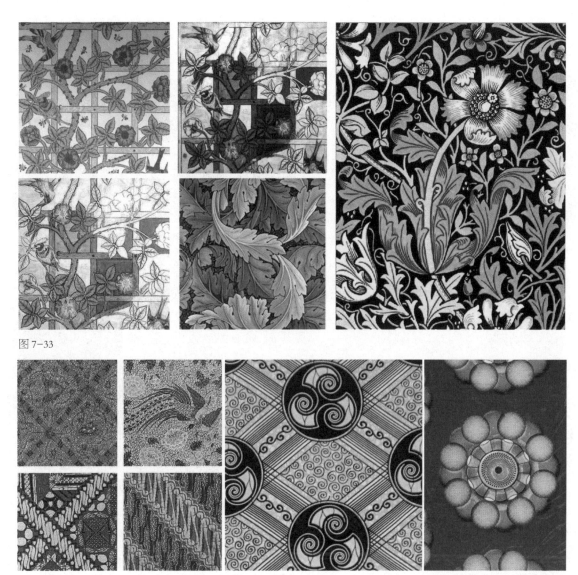

图 7-33

图 7-34　　　　　　　　　　　图 7-35

（21）印度纱丽图案。纱丽已有 5000 多年的历史，是现代印度的"正装"，无需针线缝制的裹装代表。长 6 米左右，宽 1 米多。穿着时紧紧缠裹在肚脐以下长至脚面，一端可披在肩上或裹在头上。传统纱丽图案由主纹样、边饰纹样构成，题材丰富，色彩艳丽，并配以印花和手工刺绣及各种面料，呈现丰富华美且秩序性强的造型样式。（图 7-36）

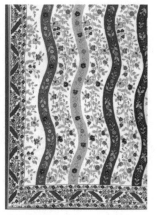

（22）中国吉祥图案。"图必有意，意必吉祥"，中国的审美文化心理形成了"吉祥"的图案特色。如龙凤、云纹；莲花、鲤鱼（连年有余）；喜鹊、梅花（喜上眉梢）；更有"双凤朝阳""梅兰竹菊"等。还影响了18 世纪的欧洲洛可可艺术图案纹样，给世界艺术品带来了深远的影响。（图 7-37）

图 7-36

（23）卷草图案。盛行于中国的唐代，而有"唐草"之名。《中国丝绸艺术史》有记载："忍冬的骨架启发了唐草的思路，葡萄和石榴的形象又为唐草增添了无穷的变化"。 阿拉伯藤蔓纹样受到古埃及、古希腊和波斯文化的影响，伊斯兰教艺术赋予的绚丽视觉特性，涡卷的曲线韵律形成阿拉伯风格的卷草图案。卷草图案以其动感流畅、柔中带刚的艺术特性流行于全世界。（图 7-38）

图 7-37

图 7-38

（24）缠枝花图案。植物花草以柔和的半波状线与切圆，并在其间缀以多种花朵，枝茎上填以叶子。因其连绵不断的结构故有"生生不息"的美好吉祥寓意。缠枝花可谓是世界范畴的纹样，无法追究其起源。（图 7-39）

2. 经典图案

（1）大马士革图案

这种图案是由中国格子布、花纹布通过古丝绸之路传入大马士革城后演变而来的，这种来自中国的图案在当时就深受当地人们的推崇和喜爱，并且在西方宗教艺术的影响下，这种图案得到了更加繁复、高贵和优雅的演化。人们将一些小纹饰以

图 7-39

抽象的四方连续图案连接起来，并将其视为甜蜜和永恒爱情的象征。这种表现雍容华贵之感图案的美丽织物被大量生产后，就开始在古代西班牙、意大利、法国和英国等欧洲各地热销，很快就风靡于宫廷、皇室、教会等上层阶级，一直到现在大马士革图案都是欧式风格布艺的最经典纹饰，有时美式、地中海风格也常用这种图纹。（图 7-40）

（2）佩斯利图案

"佩斯利"，英文叫 Paisley，特点是像水滴一样的形状，配上许多花花草草作为装饰，曲线和中国的太极图案有点相似。这种设计源自于印度的菩提树叶、海藻树叶和芒果树叶，这些树都有"生命"的象征意义，尽管已经过去了近两百年，这种图案还是较多地运用于欧式风格布艺中，甚至影响着当代的其他艺术设计。（图 7-41）

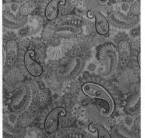

图 7-40

图 7-41

（3）卷草纹

因盛行于唐代故又名唐草纹。多取忍冬、荷花、兰花、牡丹等花草，经处理后作"S"形波状曲线排列形成二方连续图案，花草造型多曲卷圆润。值得一提的是，卷草纹与自然中的这些植物并不十分相像，而是将多种花草植物的特征集于一身，并采用夸张和变形的方法创造出来的一种意象性装饰样式而已，如同中国人创造的龙凤形象一样。"它以那旋绕盘曲的似是而非的花枝叶蔓，得祥云之神气，取佛物之情态，成了中国佛教装饰中最普遍而又最有特色的纹样。"（图7-42）

（4）中式回纹

以四方连续组合，俗称为"回回锦"。最初，回纹是人们从自然现象中获得灵感而用在陶器和青铜器上做装饰用的；到了宋代，回纹被装饰在盘、碗、瓶等器物的口沿或颈部；明清时期，在织绣、地毯、木雕、漆器、金钉以及建筑装饰的边饰和底纹上回纹被广泛应用。由于这种整齐划一、绵延丰富的图案寓意吉利深长，后世便赋予它诸事深远、绵长的意义，民间称之为"富贵不断头"。丰富多彩的布艺不仅能为家居增光添彩，还能折射出主人的喜好和品位，所以布艺不再只是配角，甚至在很多居室空间中占据了大半江山，地位已经大大提升。（图7-43）

图7-42

图7-43

第二节　家具用布艺

一、家具用布的特点

除了沙发以外，床、椅等家具上也常使用布料。除全布质家具外，布材常与木材、藤材搭配运用，布艺能让家具呈现出丰富多变的造型特点。制作家具所用的布料种类繁多，可以按照布料的成分、染织方法进行分类：

1. 按照成分可以分为全棉、亚麻、化纤几种。同样克重的面料，化纤的一般最便宜，全棉的贵一点，亚麻的最贵。化纤又可以分为：涤纶、腈纶、粘胶、人造丝等。涤纶又可以分为：纺麂皮绒、超柔绒、灯芯绒、雪尼尔等。

⑴仿麂皮绒是目前家具布艺中最为常用的一种面料，这种全涤纶成分的面料看起来极像天然麂皮绒。（图7-44）

⑵雪尼尔纱是一种比较粗的纱线，看起来毛茸茸的，用雪尼尔纱织出来的布统称雪尼尔。成分有很多种，涤纶、粘胶都可以做成雪尼尔。（图7-45）

图7-44   图7-45

2. 按照染色方法可以分为染色、色织两种。前面一节中讲到：染色就是先织好布，再去染颜色；色织就是先把纱线染上颜色，再去织布。染色布一般多为单色，色织布一般为多色。在设计师的眼中面料可以没有好坏之分，但是应该有不同的风格表达特点，例如：现代风格沙发线条感比较强，比较适合使用化纤材质的染色布；古典风格家具多用棉布或者麻布材质的色织布；田园风格家具适合使用材质比较厚实、风格粗犷的雪尼尔；至于丝绸的、羊毛的面料较少用在家具布艺上。

二、不同家具布艺的设计及应用

运用布艺装饰家具时，布艺的色彩、花色图案主要遵从室内硬装和墙面色彩，以温馨舒适为主要原则：淡粉、粉绿等雅致的碎花布料比较适合浅色调的家具；墨绿、深蓝等色彩布料对于深色调的家具是最佳选择等。各个风格特色家具都有其独特的表达语言。

欧式风格家具布艺：要求造型色彩与周围环境相和谐，采用大马士革、佩斯利图案和欧式卷草纹进行装饰能达到豪华富丽的效果。（图7-46）

图7-46

美式乡村风格家具布艺：为了达到使人容易亲近的效果常运用碎花或温暖格纹布料。而采用皮料与原木搭配，更能出色地表达自然、温馨的气息。（图7-47）

西班牙古典家具：常以色彩华丽或夹着金葱的织锦、缎织布品为主，用以展现贵族般的华贵气质。（图7-48）

东方风格家具：东方风格家具往往很少将布艺直接与家具结合，而是采用靠垫、坐垫等进行装饰。（图7-49）

图 7-47　　　　　　　　　　　　　　　　　　　　　图 7-48　　　　　　图 7-49

意大利风格家具：常以极鲜明或极冷色调的单色布材来彰显家具本身的个性，简洁大方的设计原则是意大利家具布艺的特点。（图 7-50）

图 7-50

第三节　窗帘布艺

窗帘是人们的心情，是我们点缀格调生活空间不可或缺的选择之一，是主人品位的表现，是生活空间的精灵。如何选择和搭配，成了室内装饰非常重要一部分。

一、窗帘的作用

1. 保护私隐

对于一个家庭来说，谁都不喜欢自己的一举一动在别人的视野之内。从这点来说，不同的室内区域，对于私隐的关注程度又有不同的标准。客厅这类家庭成员公共活动区域，对于私隐的要求就较低，大部分的家庭客厅都是把窗帘拉开，大部分情况下处于装饰状态。而对于卧室、洗手间等区域，人们不但要求看不到，而且要求连影子都看不到。这就造成了不同区域的窗帘选择不同的问题。客厅我们可能会选择偏透明的一款布料，而卧室则选用较厚质的布料。

2. 利用光线

其实保护私隐的原理，还是从阻拦光线方面来处理的。这里所说的利用光线，是指在保护私隐的情况下，有效地利用光线的问题。例如一层的居室，大家都不喜欢人家走来走去都看到室内的一举一动。但长期拉着厚厚的窗帘又影响自然采光。所以类似于纱帘一类的轻薄帘布就应运而生了。

3. 装饰墙面

窗帘对于很多普通家庭来说，是墙面的最大装饰物。尤其是对于一些"四白落地"的一些简装家庭来说，除了几幅画框，可能墙面上的东西就剩下窗帘了。所以，窗帘的选择漂亮与否，可能往往有着举足轻重的作用。同样，对于精装的家庭来说，合适的窗帘将使得家居更漂亮更有个性。

4. 吸音降噪

我们知道，声音的传播部分，高音是直线传播的，而窗户玻璃对于高音的反射率也是很高的。所以，有适当厚度的窗帘，将可以改善室内音响的混响效果。同样，厚窗帘也有利于吸收部分来自外面的噪音，改善室内的声音环境。

二、窗帘分类

窗帘通常可以分为两类：成品帘和布艺帘。

1. 成品帘功能种类

成品帘多用于大型的公共空间或家居中相对较小的窗户，在风格上，比较适合现代简约的家居设计，成品帘根据结构和材质、功能分类如下：

（1）卷帘

具有收放自如的特点，根据材质的不同分为人造纤维、木质、竹质等种类，其中人造纤维卷帘因为特殊的编织工艺，可以过滤强光和辐射，改善光线品质，还可防静电和防火。（图 7-51）

（2）折帘

可以根据日夜不同光线的功能需求进行非常到位的调节，白天，窗纱可以过滤强烈的太阳光；夜晚，严密的遮光面料可以挡住室外光线。折帘适合装饰简约风格型窗帘，根据其功能不同还可以分为百叶帘、日夜帘、蜂房帘、百折帘等，其中蜂房帘还具有吸音效果。（图 7-52）

图 7-51

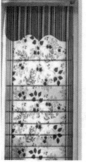

图 7-52

（3）垂直帘

叶片垂直悬挂于上轨，可左右自由调光达到遮阳的目的，整体造型幽雅、大方，线条明快，较适合于时尚简约风格的室内空间。根据材料的不同可以分为：PVC 垂直帘、纤维面料垂直帘、铝合金垂直帘和竹木垂直帘。现在，随着科技的发展还研制出了更加方便的电动垂直帘。（图 7-53）

（4）遮阳帘和电动帘

以上类型都可以选择遮阳功能的面料而成为遮阳帘，加上电动智能控制系统成为电动帘。

图 7-53

2．布艺帘

布艺帘是布经设计缝纫而成的窗帘，按照面料成分和制作工艺划分非常多的种类，适合所有风格类型。

（1）布艺帘的组成

窗户完整的窗帘由帘体、辅料、配件三大部分组成。（图 7-54）

①帘体包括窗幔、窗身、窗纱组成。窗幔是装饰窗不可或缺的组成，一般用与窗身同一面料制作。款式上有平铺、打折、水波、综合等式样。

②辅料有窗樱、帐圈、饰带、花边、窗襟衬布等组成。

③配件有侧钩、绑带、窗钩等。

图 7-54

（2）布艺窗帘的质地种类及特点

窗帘布按照面料成分一般分为纯棉、麻、涤纶、真丝，也有几种原料混织而成的混合面料；而根据制作工艺不同可分为印花布、染色布、色织布、提花布等。棉质面料质地柔软、手感好，较适合东方风格设计；麻质面料垂感好，肌理感强，较适合田园风格设计；真丝面料高贵、华丽，以 100% 天然蚕丝构成，较适合古典风格设计；涤纶面料挺括、色泽鲜亮、不褪色、不缩水，是目前最受欢迎也是最常用的一种。还有现在使用得较广泛的棉麻、涤棉、涤丝、仿真丝等混纺面料，集环保系数较高、手感柔垂、洗涤方便、不变形、不褪色等优点于一身。

三、窗帘的风格

从风格来说，窗帘的风格就更多了，大致有中式、欧式、美式、田园、地中海、东南亚等等。

1．中式风格

讲究对称、方圆，所以这种仿丝材质的窗帘也多为对称的设计，帘头比较简单，运用了一些拼接方法和特殊剪裁，凸显浓郁唐风的图案。同时运用金色和红色作为陪衬，华贵而大气。面料颜色的厚重，纹理花样富有民族气息，款式上追求简约大气和精致。特别是流苏、云朵、盘扣等中式元素的运用。（图 7-55）

图 7-55

2．欧式风格

在窗帘款式设计中，材料我们多用丝绸、塔夫绸、雪尼儿绒、金貂绒、天鹅绒等有尊贵感和厚重感的布料。图案多包含"C""S"或涡卷形曲线和卷草纹以及古典传统定式图案。欧式风格的窗帘，强调的是一种富丽堂皇的效果。一般采用质感厚重、色彩沉稳的面料，为强调窗帘的厚重和气派而搭配大量的装饰，同时还要附加里衬。欧式风格的窗帘非常着重细节的设计，从细节中给人以强烈的古典风格化的视觉冲击，带出高贵及奢华的感觉。

（1）欧式古典：面料以富丽的金银丝色织提花、高贵的冰花绒烫金、天然华丽的高端蚕丝绣花面料为主；图案以火焰纹、雕花、卷草花纹为主；色彩以紫色、金黄、暗红等为主。再配以水波浪窗幔和花边，以繁复尽显其经典奢华。装修以繁复的装饰工艺为原则。欧式古典风格适用于别墅及错层装修，尤其是主人受欧洲文化影响较深的西式成熟家庭。

（2）新古典：在款式上改用现代感较强的金属帘杆，既有了欧式的典雅又不失现代的简约。打破传统的古典框架，将繁复的装饰凝练为含蓄雅致，古典中注入现代简洁的设计元素，使得家居装饰更有灵性。白、金、银、黄、暗红是新古典主义风格中常见的主色调，窗帘面料以带有光泽质感的烫金绒布、金银丝色织提花、人丝混纺绣花等舒适华丽的面料为主；花形讲究韵律，弧形、螺旋形状的花形较常出现；窗楣多以平布加波浪饰以金属光泽的绳边，力求在线条的变化中充分展现古典和现代结合的精髓之美。一般有艺术气质，或者家居设计走风格化的家庭适合用新古典风格的窗帘。（图7-56）

图 7-56

3. 北欧风格

北欧风格的家装以简洁著称，室内的顶、墙、地六个面，不用纹样和图案装饰，只用线条、色块来区分点缀。北欧风格的家具不使用雕花，窗帘布艺类的多采用纯色，简洁大方，讲求实用性与功能性，设计以人为本。（图7-57）

4. 美式乡村风格

图 7-57   图 7-58

这种风格的窗帘摒弃欧式风格的烦琐和奢华，更加突显古朴和自然的和谐，强调的更多是一种怀旧色彩的风情。美式乡村风格的窗帘以形状较大的花卉图案为主，图案神态生动逼真。色彩以自然色调为主，酒红、墨绿、土褐色最为常见。设计粗犷自然，而面料多采用棉麻材质，有着极为舒适的手感和良好的透气性。（图7-58）

5. 英式田园风格

英式田园风格的窗帘与美式乡村风格的窗帘有所不同，这种风格的窗帘多采用小碎花图案，颜色则以暖色系为主。运用各种碎花纯棉布、纯色布、蕾丝比较多，在搭配上可以用四五种布料拼接搭配充分体现设计师的功力。（图7-59）

6．韩式田园风格

油白底色＋浅色花朵图案是韩式田园风格窗帘的代表元素，自然、清新的色彩使人心情愉悦。（图7-60）

图7-59

7．地中海风格

"地中海制造"的室内家装风格趋向于返璞归真——众多通透的回廊，简朴的红瓦白墙，手工漆的内墙，为了保证良好的通风，一般不会选用厚实的窗帘而更钟情于轻薄的窗纱。当然也有例外，北非的住宅往往墙壁厚、门窗小，以另一种方式来隔热。狭小的入口给房间

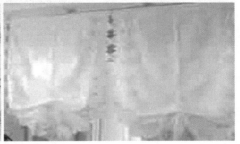

图1-60

创造了奇趣的外观。地中海风格大致有3个典型的标准色系与材质的搭配形态：

（1）蓝与白。窗帘的制作以蓝白为主调。款式上没有太多的要求，简单自然就可以。

（2）黄、蓝紫、绿的明亮组合。意大利、法国南部成片的向日葵、薰衣草，在一片金黄、蓝紫的彩色花卉与深绿色树叶相映下，呈现明亮的漂亮颜色组合。因此，在家饰、织品上，很容易看到自然色彩的反映。窗帘的搭配以选择这三个为主色调为宜。

（3）浓厚的土黄、红褐色调。北非特有的沙漠、岩石、泥、沙等天然景观，呈现浓厚的土黄、红褐色调，搭配北非特有植物的深红、靛蓝，与原本金黄闪亮的黄铜，散发一种亲近土地的温暖感觉。所以窗帘的搭配以土黄和红褐色为主色调。（图7-61）

8．东南亚风格

东南亚风格家居是一种地域风情、地域文化的延伸，它结合了处于热带的东南亚岛屿特色和精品文

图7-61

化品位。在设计中，采用大量的大自然材质，窗帘面料多为轻薄型，透光性好。体现异国情调以及宁静、清雅、放松的居住氛围。（图7-62）

9．现代简约风格

纯白色的墙面配以浅色系的蓝、灰、银等颜色的窗帘，明快中，可以嗅到浓厚的清新气息，而花边、窗幔、帘头、窗帘框这类复杂的东西则可统统免去。简约而不简单。在窗帘设计中，我们摒去了复杂的帘头，取而代之的是简洁的穿环、吊带等自然简单的方式，图案上多用现代几何图形。材料使用很宽广，棉的、麻的都是很好的选择。（图7-63）

图 7-62   图 7-63

10. 自然搭配风格

这种风格，其实是设计师充分发挥自我的审美感觉 DIY 出来的。可能看不出什么具体的风格倾向，但浑然一体，让人有与众不同风格迥异的感觉。

四、窗帘的面料

窗帘的面料分为传统面料和遮光面料。

1. 传统面料：窗帘布的面料基本以涤纶化纤织物和混纺织物为主，因为垂感好、厚实。

（1）雪尼尔：这种面料感觉比较粗犷，厚重感强，垂感性也很好，是 20 世纪 90 年代末非常流行的面料，广泛应用于窗帘、沙发等软包。

（2）高支高密的色织提花面料：这种面料比较细腻、光泽很好，是比较华贵的面料，当然价格也不菲。

（3）粗支纱的色织或印花面料：这种面料属粗而不犷、细而不腻的面料，是比较大众的面料，价格也比较适中。

（4）还有其他很多的面料如金丝绒、麂皮绒、植绒等都是不错的窗帘面料，各种高档的进口面料及各种新型面料层出不穷。

2. 遮光面料：传统的遮光面料是在黑色的面料上涂银，它是单纯为了遮光而设置的，是从属于布帘的配套产品，它不仅手感发硬、哗哗着响，而且烦琐，做成两层窗帘成本也相应较高。现在随着科学技术水平的提高和科技人员的研发，新型开发的遮光面料不仅克服了传统遮光面料的缺点，又提高了产品的档次，它既能与其他布帘配套作为遮光帘，又能单独集遮光和装饰为一体的窗帘布。并且可以做成各种不同风格的遮光布，如提花、印花、素色、烫花、压花等等的遮光布，它们既保持了应有的风格又具有很好的遮光效果，所以具有很大的发展空间和市场潜力。

各种面料适合的区域：

印花布：比较不适用于阳光强烈的空间。因为长时间的阳光照射，会造成布面上的图案褪色，建议装设于家中较凉爽通风的空间。

提花布：因为布面上的织纹是依经纬线交叉方式编织，视觉上较为优雅、有质感，因此适合装设于卧室、书房、长辈房。

绒布：绸缎、植绒窗帘质地细腻、豪华艳丽，遮光隔音效果都不错，但价格相对较高，带点浓浓的奢华风，如想让家中有着华丽的时尚感，此种布料是最好的选择。另外也适用于酒吧、服饰店、百货公司、美容业等。

遮光布：密度较高的遮光布料除了美观且具有高度遮光率，适合用于阳光强烈照射的空间。

窗纱：材质较轻薄且半透明的布料，颜色与图样变化较多，适合用于须营造气氛或想让阳光稍稍透进来又能有半阻隔屏风功能的环境，如卧室、酒吧、服饰店、美容业等。

五、窗帘设计基本原则

首先，要根据装饰研究面料材质的私密性、舒适度、图案花纹的合理性；其次，需要充分考虑窗帘的环境色系，尤其是与家具的色彩呼应；再次，要根据窗型类型选择合适的窗帘造型、材质、轨道形式；最后，根据造价，研究选用宽幅还是窄幅布料。

1. 窗帘设计的统一性

窗帘在居室中的重要性已经不言而喻，那么如何进行设计搭配呢？其实窗帘的设计主要就是要讲究"统一性"，即窗帘的色调、质地、款式、花形等须与房间内的家具、墙面、地面、天花板相协调，形成统一和谐的整体美，统一性可以从以下三个方面考虑（图7-64）：

⑴不同材质质感，但图案类似统一；

⑵不同图案，但颜色统一；

⑶虽然图案和颜色均不同，但质地类似统一（比如原木配麻、棉、丝绸等天然材质）。

图7-64

2. 窗帘设计的协调性

现在即使是一种材质的布料，也会有五花八门的花色，不同的花色，对于窗帘风格有着很大的影响，在设计窗帘的时候按照以下基本方式进行，一定能达到比较好的效果。

⑴窗帘的主色调应与室内主色调协调，采用补色或者近色都是能达到较好的视觉效果的，极端的冷暖对比或者撞色是需要有足够的功底才可以运用的方式。

⑵各种设计风格均有适合的花色布艺进行协调搭配：现代设计风格，可选择素色窗帘；优雅的古典设计风格，可选择浅纹的窗帘；田园设计风格，可选择小碎花或斜格纹的窗帘；而豪华的设计风格，则可以选用素色或者大花的窗帘。

图7-65

⑶选择条纹的窗帘，其走向应与室内风格的走向协调一致，避免给人室内空间减缩的感觉。（图7-65）

六、窗帘使用的小技巧

1. 以居家场所区分

（1）客厅：提供全家人活动的场所，适合花色简约、淡色为主的布料，以增加空间感。这是接待客人，家人闲聚的场所。可选择窗帘布配上窗纱。既可以保护主层不受日光照射与冷凝的侵害，又能增加季节的适用性，丰富窗帘的层次与装饰性。若使用单独的一层薄布或厚纱能体现出简洁柔和之美。如果你想在室内营造浪漫的气氛，可以选用透光和半透明的线帘；要让窗外的美景透进来，丝柔的窗纱是很好的选择。

　　（2）卧室：放松心情就寝的卧室建议选择浪漫中带点柔和的纱，并以法式波浪的样式来呈现是最适合的。强调其遮光性与隐秘性，典型的个人空间，温馨浪漫。由此，可选择厚实遮光的布料做主料，多为纱、帘双层。色系上可挑选较柔和、垂度强且较飘逸，能将卧室的浪漫氛围营造出来。薄而轻的窗纱也是营造浪漫的绝佳选择。在白天拉开主帘之后，也可配置成品帘作为副帘。副帘要求用通风、透光透气性较强的材料制作。素净清淡的图纹花样更能增加卧室宁馨之感。（图7-67）

图7-66　　　　　　　　　　图7-67

　　（3）儿童房：宝贝的小天地适合选择活泼、可爱的卡通图案陪伴他成长；中学以上的青少年建议选择较独特有个性的几何式图腾。要给孩子一个采光优良的空间，以童真为主。全棉卡通布柔软、活泼，充满孩童幻想，卡通的拉珠卷帘、百叶帘也是很好的选择。（图7-68）

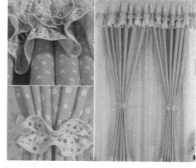

图7-68

　　（4）长辈房：搭配柔和的色系或可以让人保持心情愉快的米白提花布料，较适合老人家平静安逸的生活空间。（图7-69）

　　（5）浴室：对于私密性的要求更高，应选择实用性比较强的而易洗涤的面料，而且风格力求简单流畅。卷帘是浴室窗帘的首选。（图7-70）

图7-69　　　　　　　　　　　　　　　　　图7-70

2．以居家面积区分

（1）面积80平方米以下为了营造宽敞的空间感，可以淡色系的布料为主，用以营造较明亮的视觉效果。

（2）面积80～150平方米左右可依家中装修风格尽情选择搭配，塑造出每个空间独立的风格。建议在公共区域采用颜色雷同之风格就能保有整体性，而每位家中成员的个别空间就可依各自喜好自由搭配。

（3）面积150平方米以上因空间较大，可选择华丽风格、典雅风格、南洋风格、时尚风格等，依据自己的风格打造出皇宫般的殿堂。

3．以季节来区分

（1）春：呈现生机盎然的季节，适合充满朝气的鲜绿、嫩粉红、愉快橘的颜色。

（2）夏：当热浪来袭的季节，建议选择清爽的蓝色、灰白、浅绿、浅黄等布料，可以让人觉得神清气爽哦！

（3）秋、冬：秋冬是慢慢转凉变冷的，这时就可选择温暖色系，如红色、橘色、粉红色、黄色等布料。

4．以行业区分

（1）办公大楼、公司等适合直立帘、卷帘、木织帘等，属于明亮大方的材质。

（2）百货公司、酒吧、内衣店等，华丽优雅的绒布、窗纱、法式浪是营造奢华风的第一选择。

（3）饭店、餐厅等室内的装潢大都以典雅、素净为主，所以适合用罗马帘，选择用优雅的花色或简约的风格。

（4）美容业等唯美浪漫的窗纱及荷兰纱是塑造美感的好搭档。

（5）个性商品店、服饰店等，可选择铁灰、几何图形、黑或白、红或金对比混搭的风格。

5．白天不同朝向的窗户对于窗帘的搭配也有很大的不同

北窗：向北的窗户可为室内带来最清新和最均匀一致的光线。如果要节省能源，我们需要在北窗使用隔热功能好的窗帘。

东窗：向东的窗户，给人始终是温暖、明亮的感觉。清晨阳光的普照更是不可多得，所选的窗帘通常以能渗透进光线为原则。

西窗：黄昏时，西斜的日光伤害性最大，这时大气已经充分受热，射进房间的阳光会使家具和室内的有色布受损，故应选用有遮光功能的窗帘。

南窗：向南的窗户始终能迎来阳光，是任何房间最重要的自然光的光源。可在炎热的夏季，阳光显得有些多余，因此要选择双层布＋纱组合帘。

第四节　床品、地毯

一、床品

卧室，是人们身体和心灵休息的港湾，舒适的大床让你安然入睡。如今，多数年轻人都爱宅在家，终日相伴宅男宅女们的除了电脑，还有就是温软舒适的大床了，在他们眼里床就是一个宁静而又让人放松的游戏空间。好的卧室床品可以提高睡眠质量，睡眠好了自然会带来好心情，时尚床品能给卧室别样的风韵。那么，面对五彩缤纷的卧室床品，应该如何挑选和搭配？

1．床品的选择

（1）原则是实用和绿色健康

实用的角度考虑，购买4件套的床品小套件更方便收拾洗晒。而被芯最好选择天然材质，如近年来盛行的蚕丝被、羊毛被、羽绒被都有益身心。材质：棉质最常用、最合适。现在的床品大多采用40支纱精梳棉的面料。平纹和斜纹的比较滑爽轻柔，为最通常的选择。

（2）品质和价位比

人的一生约有1/3的时间是在床上度过的，那么床上用品的质量好坏直接影响人们的身体健康以及精神状态。所以一定要选择质量合格的产品，同时，其价位和质量的比率，也要着重考虑的。

（3）卧室床品的风格

卧室床品的风格有多种多样，最主要的就是田园休闲风、惊艳中式风和个性民族风三种。田园休闲风多以韩式田园风格为主，利用碎花和浅色系元素，形成田园般清新浪漫的环境，惬意十足；中式风格是运用一些中国风元素，最突出的就是中国红、中国字还有水墨画等，这些具有中国特色的床品，一定会让你的卧室给人一种眼前一亮的感觉；如果想要拥有一个与众不同的卧室风格，可以试试炫酷个性的民族风，这种风格颜色华丽，配色大胆，具有强烈的视觉效果，为卧室增添一抹富足和喜悦景色。

（4）如何根据季节挑选卧室床品？

卧室床品需要常换常新，才能保证干净和舒适，才会有好睡眠。根据每个季节的特点来挑选合适的床品，卧室的变换也会让人更新不一样的心态。春夏时节天气暖和，可以挑选冷色系床品，如纯白、浅绿、淡黄、粉色等，营造春夏清新淡雅的氛围；到了秋冬季节，天气逐渐变冷，床品的颜色要选择暖色系，近年来流行撞色更加夺人眼球，黄与橙、红与绿、橘红色等色彩艳丽明快，绚丽之余，带来的更是温暖享受。

（5）不同居室的卧室床品

卧室床品在不同居室中，选择的色调自然不一样。年轻女孩喜欢幻想，粉色是最佳选择，粉粉嫩嫩可爱至极；成熟男士则适用蓝色，蓝色体现理性给人以冷静之感。为心爱的人准备一套浪漫的卧室床品吧，给卧室换新装，也让其沉醉在你的温柔乡里。

图7-71

2．各个风格床品的特点

（1）古典风格配套

古典风格是一种推崇富丽堂皇装饰效果的造型方法。选用精细具有流线型的家具造型、配以金黄色调传统古典型图案的装饰布；装饰的花边帐幔、典雅的床罩；采用绳带、挂穗、流苏作镶嵌点缀，构成高贵、华丽的室内装饰氛围。艳丽沉着具有光感的色彩，精致细微的表现方法是古典型装饰风格的特点。这类风格的床品图案崇尚传统典雅的装饰纹样；常配以精致的提花织物；款式造型配套精细、挺括的滚边与潇洒、玲珑的流苏工艺，来凸显华丽古典的装饰风格。（图7-71）

（2）浪漫风格配套

浪漫风格是一种追求轻松浪漫情调的装饰造型方法。室内家具的装饰与摆设不宜过于死板、严谨，突出柔和的粉紫、淡绿、浅玫红、粉黄等恬静的色调，营造如梦如幻、活跃明快、柔和轻盈的视觉享受，是浪漫型装饰风格的特点。这类风格的床品款式造型，常运用褶皱的工艺来表现别样的随意。褶皱工艺根据造型需要，可收、可放，可使款式更加立体活泼而洒脱；褶皱与滚边结合的工艺能使床品款式产生既有流动的线条又有飘逸的美感，更能体现浪漫的情调。（图7-72）

（3）自然风格配套

自然风格是一种崇尚闲适、轻松感觉的装饰造型方法。室内多采用本色的木质材料、天然的棉毛丝麻织物作装饰。色织的条格或小碎花的印花布装点窗帘、床罩与靠垫，造型款式简洁、舒适，常运用轻盈随意的打折、富有立体感的绗缝以及简洁精致的滚边来营造亲切质朴、大方得体的自然型装饰风格。（图7-73）

（4）现代风格配套

现代风格是一种追求强烈明快、简洁时尚的装饰造型方法。室内装饰概括整体，讲究对比明快的色彩语言。这类风格的床品款式多采用流畅的滚边线条与明朗的块面组合，来体现都市生活的节奏感、重功能、少装饰，简洁精致的装饰风格。（图7-74）

图7-72　　　　　　　　　　　图7-73　　　　　　　　　　　图7-74

（5）民族风格配套

民族风格是一种表现民族传统风情的装饰造型方法。由于地域的差异，民族间的衣食住行都各有习俗，室内布置上形成了各式各样的带有浓郁民族风的装饰特色。可采用具有民族特色的某一象征符号、色泽形态或材质肌理作装饰，营造特定民族装饰意味的环境氛围。这类床品的款式造型注重突出民族的装饰纹样、色泽形态、工艺表现，丰富多彩而各具特色。时下具有传统装饰元素的床品设计是今后流行的趋势。（图7-75）

（6）儿童风格配套

儿童风格是一种显现儿童天真烂漫、不拘一格的装饰造型方法。室内家具陈设呈低矮、圆润、柔和的造型；选择高纯度与粉色调组合的棉织面料，配以可爱的卡通图案，装饰于窗帘、床上用品；以及毯上满地放置的玩具坐垫等。床品款式造型没有程式化的规定。常运用印花布的多彩拼合与多种立体感的绗缝组合，营造松软舒适、趣味快乐的儿童装饰风格。（图7-76）

图7-75　　　　　　　　　　　　　　　图7-76

搭配灵活的材质肌理配套无论是古典风格、浪漫风格，还是自然风格、现代风格等都有不同的装饰款式。各种风格款式的配套设计不仅形式丰富、色彩协调，而且品类多样，材质肌理搭配灵活。各类用品都有各自功能，相互又统一在整体配套中。各种肌理的个性魅力在室内光线的变幻下，在各种款式造型的不同表现中，更凸显出床品配套的视觉美感。床品的多元化装饰风格与丰富的肌理表现在满足现代人审美心理同时，更需满足生理的需求。床品面料质地直接呵护着我们的皮肤，它的轻柔舒适的触感与雅致的工艺会给我们带来全身心的审美享受。目前床品面料一般为 40～60 支纱的纯棉织物，有的还具有一定的保健作用，既轻柔又卫生。床品面料的织物组织是影响面料质地光亮舒适度的重要因素。一般以三原组织及变化组织为常见。平纹组织布面平整结实，能细腻地表现印花工艺；斜纹组织手感柔软光泽较好；缎纹组织相对于斜纹组织手感更柔软光泽更好，尤其能表现光洁亮丽的大花型印花图案；而提花织物因手感较差一般作床罩或床盖，其富丽精致的外观特别能营造床品的不凡品位。然而不管是何种织物组织，不管是印花、提花还是绣花等工艺，都需要根据床品的风格配套的特征与材质配套的特性来整体表现与把握。总之，床上用品的配套设计需要把握时代审美要求，掌握时尚流行的需要，在床品的纹样形式、色彩组合、风格款式与材料质地上追求相应的配套因素，形成多元而统一的配套风格。

二、地毯

地毯，是以棉、麻、毛、丝、草等天然纤维或化学合成纤维类原料，经手工或机械工艺进行编结、栽绒或纺织而成的地面铺敷物。广义上还包括铺垫、坐垫、壁挂、帐幕、鞍褥、门帘、台毯等。它是世界范围内具有悠久历史传统的工艺美术品类之一。覆盖于住宅、宾馆、体育馆、展览厅、车辆、船舶、飞机等的地面，有减少噪声、隔热和装饰效果。

1．功能

地毯作为室内陈设不仅具有实用价值，还具有美化环境的功能。地毯防潮、保暖、吸音与柔软舒适的特性，能给室内环境带来安静、温馨的气氛。在现代化的厅堂宾馆等大型建筑中，地毯已是不可缺少的实用装饰品。随着社会物质、文化水平的提高，地毯以其实用性与装饰性的和谐统一也已步入一般家庭的居室之中。

（1）保暖、调节功能

地毯织物大多由保温性能良好的各种纤维织成，大面积地铺垫地毯可以减少室内通过地面散失的热量，阻断地面寒气的侵袭，使人感到温暖舒适。测试表明，在装有暖气的房内铺以地毯后，保暖值将比不铺地毯时增加 12% 左右。地毯织物纤维之间的空隙具有良好的调节空气湿度的功能，当室内湿度较高时它能吸收水分；室内较干燥时，空隙中的水分又会释放出来，使室内湿度得到一定的调节平衡，令人舒爽怡然。

（2）吸音功能

地毯的丰厚质地与毛绒簇立的表面具备良好的吸音效果，并能适当降低噪声影响。由于地毯吸收音响后，减少了声音的多次反射，从而改善了听音清晰程度，故室内的收录音机等音响设备，其音乐效果更为丰满悦耳。此外，在室内走动时的脚步声也会消失，减少了周围杂乱的音响干扰，有利于形成一个宁静的居室环境。

（3）舒适功能

人们在硬质地面上行走时，脚掌着力于地以及地面的反作用力，使人感觉不舒适并容易疲劳。铺垫地毯后，由于地毯为富有弹性纤维的织物，有丰满、厚实、松软的质地，所以在上面行走时会产生较好的回弹力，令人步履轻快，感觉舒适柔软，有利于消除疲劳和紧张。在现代居室中，由于钢材、水泥、玻璃等建筑材料的性质生硬与冷漠，使人们十分注意如何改变它们，以追求触觉与视觉的柔软感和舒适度。地毯的铺垫给人们以温馨和亲切宜人之感，对提高环境的视觉舒适度起着极为重要的作用。

（4）审美功能

地毯质地丰满，外观华美，铺设后地面能显得端庄富丽，获得极好的装饰效果。生硬平板的地面一旦铺了地毯便会满室生辉，它那柔软的质感，多变的花纹，艳美的色泽，令人精神愉悦，给人一种美感的享受。地毯在室内空间中所占面积较大，决定了居室装饰风格的基调。选用不同花纹、不同色彩的地毯，能造成各具特色的环境气氛。大型厅堂的庄严热烈，学馆会室的宁静优雅，家居房舍的亲切温暖，地毯在这些不同居室气氛的环境中扮演了举足轻重的角色。

2．材质分类

（1）纯毛地毯：我国的纯毛地毯是以土种绵羊毛为原料，其纤维长，拉力大，弹性好，有光泽，纤维稍粗而且有力，是世界上编织地毯的最优质原料。（图7-77）

（2）化纤地毯：也叫合成纤维地毯，如聚丙烯化纤地毯，丙纶化纤地毯，腈纶（聚乙烯腈）化纤地毯、尼龙地毯等。它是用簇绒法或机织法将合成纤维制成面层，再与麻布底层缝合而成。化纤地毯耐磨性好并且富有弹性，价格较低，适用于一般建筑物的地面装修。同时克服了纯毛地毯易腐蚀、易霉变的缺点；但是它的阻燃性、抗静电性相对又要差一些。（图7-78）

图7-77

图7-78

（3）塑料地毯：是采用聚氯乙烯树脂、增塑剂等多种辅助材料，经均匀混炼、塑制而成，它可以代替纯毛地毯和化纤地毯使用。塑料地毯质地柔软，色彩鲜艳，舒适耐用，不易燃烧且可自熄，不怕湿。塑料地毯适用于宾馆、商场、舞台、住宅等。因塑料地毯耐水，所以也可用于浴室起防滑作用。（图7-79）

（4）混纺地毯：混纺地毯是以毛纤维与各种合成纤维混纺而成的地面装修材料。混纺地毯中因掺有合成纤维，所以价格较低，使用性能有所提高。如在羊毛纤维中加入 20％的尼龙纤维混纺后，可使地毯的耐磨性提高五倍，装饰性能不亚于纯毛地毯，并且价格下降。（图 7-80）

图 7-79

图 7-80

（5）真皮地毯：一般是指皮毛一体的真皮地毯，例如牛皮、马皮、羊皮等，使用真皮地毯能让空间具有奢华感，能为客厅增添浪漫色彩。真皮地毯由于价格昂贵还具有收藏价值，尤其地毯上刻制有图案的刻绒地毯更能保值。（图 7-81）

图 7-81

（6）藤麻地毯：是乡村风格最好的烘托元素，是一种具有质朴感和清凉感的材质，用来呼应曲线优美的家具、布艺沙发或者藤制茶几，效果很不错，尤其适合乡村、东南亚、地中海等亲近自然的风格。（图 7-82）

3. 制造方式分类

（1）手工地毯

手工编织地毯：是将经纱固定在机梁上，由人工将绒头毛纱手工打结

图 7-82

编织固定在经线上。手工地毯不受色泽数量的限制。手工编织地毯密度大，毛丛长，经后道工序整修处理呈现出色彩丰富和立体感很强的特征。（图 7-83）

手工枪刺地毯：是织工用针刺枪，经手工或电动将地毯绒头纱人工植入底布，经后道上胶处理而成。（图 7-84）

图 7-83

图 7-84

（2）机制地毯（包括簇绒地毯和机织威尔顿地毯、机织阿克明斯特地毯）

簇绒地毯：该地毯属于机械制造地毯的一大分类，它不是经纬交织而是将绒头纱线经过钢针插植在地毯基布上，然后经过后道工序上胶握持而成。由于该地毯生产效率较高，因此是酒店装修首选地毯，可谓物美价廉。（图7-85）

图 7-85

机织威尔顿地毯：该地毯是通过经纱、纬纱、绒头纱三纱交织，后经上胶、剪绒等后道工序整理而成。由于该地毯工艺源于英国的威尔顿地区，因此称为威尔顿地毯。此织机是双层织物故生产效率比较快。（图7-86）

机织阿克明斯特地毯，已有100多年历史，该设备生产的地毯最大特点是花色最高可多达8色甚至更多。由于编织工艺的不同，地毯成品的稳定性较好，是酒店走廊及公共部分最佳首选产品。由于该机属单层织物，且速度很低，地毯织造效率非常低，其效率仅为威尔顿的40%，因而该地毯价格昂贵，是各类机织地毯中之上品。（图7-87）

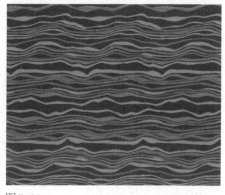

图 7-86

4．住宅室内环境的地毯选用

选择地毯时，必须从室内装饰的整体效果入手，注意从环境氛围、装饰格调、色彩效果、家具样式、墙面材质、灯具款式等多方面考量，从地毯工艺、材质、造型、色彩图案等诸多方面着重考虑。

⑴首先，需要注意的是地毯铺设的空间位置，要考虑地毯的功能性和脚感的舒适度，以及防静电、耐磨、防燃、防污等方面因素，购买地毯时应注意室内空间的功能性：

①在客厅中间铺一块地毯，可拉近宾主之间的距离，增添富贵、高雅的气氛；

②在餐桌下铺一块地毯，可强化用餐区域与客厅的空间划分；

③在床前铺一块长条形地毯，有拉伸空间的效果，并可方便主人上下床；

④在儿童房铺一长方形化纤地毯，可方便孩子玩耍，一家人尽享天伦之乐；

⑤在书房桌椅下铺一块地毯，可平添书香气息；

⑥在厨卫间则主要是为了防滑。（图7-88）

图 7-87

图 7-88

（2）其次，图案色彩需要根据居室的室内风格确定，基本上应该延续窗帘的色彩和元素，另外还应该考虑主人的个人喜好和当地风俗习惯。地毯根据风格可以分为：现代风格、东方风格、欧洲风格等几类。

①现代风格地毯：多采用几何、花卉、风景等图案，具有较好的抽象效果和居住氛围，在深浅对比和色彩对比上与现代家具有机结合。（图7-89）

②东方风格地毯：图案往往具有装饰性强、色彩优美、民族地域特色浓郁的特点，比如，梅兰竹菊、岁寒三友、五福图、平安吉祥等题材，配以云纹、回纹、蝙蝠纹等图案。这种地毯多与传统的中式明清家具相配。（图7-90）

③欧洲风格地毯：多以大马士革纹、佩斯利纹、欧式卷叶、动物、建筑、风景等图案构成立体感强、线条流畅、节奏轻快、质地醇厚的画面，非常适合与西式家具相配套，能打造西式家庭独特的温馨意境和不凡效果。（图7-91）

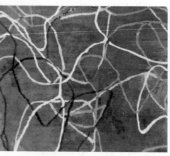

图7-89

⑶再次，地毯的大小根据居室空间大小和装饰效果而定，比如在客厅中，客厅面积越大，一般要求沙发的组合面积也就越大，所搭配的地毯尺寸也应该越大。地毯的尺寸要与户型、空间的大小、沙发的大小和餐台的大小匹配。

①玄关地毯以门宽为大小控制底线；

②客厅地毯的长宽可以根据沙发组合后的长宽作为参考，一般以地毯长度＝最长沙发的长度＋茶几长度的一半为佳，而面积在20平方米以上的客厅，地毯就最好不小于1.6m×2.3m大小；

③餐桌下的地毯不要小于餐桌的投影面积，以餐椅拉开后能正常放置餐椅为最佳；

图7-90　　　　图7-91

④卧房的床前、床边可在床脚压放较大的方毯，长度以床宽加床头柜一半长度为佳。（图7-92）

图7-92

第八章 软装饰设计元素之画品

第一节 中国画

一、中国画概述

在古代无确定名称，一般称之为丹青，主要指的是画在绢、宣纸、帛上并加以装裱的卷轴画。汉族传统绘画形式是用毛笔蘸水、墨、彩作画于绢或纸上，这种画种被称为"中国画"，简称"国画"。工具和材料有毛笔、墨、国画颜料、宣纸、绢等，题材可分人物、山水、花鸟等，技法可分工笔和写意。工笔画：用细致的笔法制作，工笔画着重线条美，一丝不苟，是工笔画的特色。写意画：心灵感受、笔随意走，视为意笔，写意画不重视线条，重视意象，与工笔的精细背道而驰。生动往往胜于前者。根据画面内容又可以分为传统绘画和现代绘画。

从美术史的角度讲，1840年以前的绘画都统称为古画。中国画在内容和艺术创作上，体现了古人对自然、社会及与之相关联的政治、哲学、宗教、道德、文艺等方面的认识。

特点：

1. 意境

所谓意境是指画中所体现的思想感情的境界。意是画家对物象在情感上的"妙悟"，所谓境是境界。意境是客观生活中事物在画家头脑中所反映的结果。意境是构成一幅中国画的灵魂，其主题的确定，构图的布局和安排，形象的塑造，笔墨及造型的处理，无不受"立意"的主宰。

2. 笔墨

中国画从立意到形象的塑造，总归于用笔用墨。在用笔和用墨方面，是中国画造型的重要部分。用笔讲求粗细、疾徐、顿挫、转折、方圆等变化，以表现物体的质感。而对于用墨，则讲求皴、擦、点、染交互为用，干、湿、浓、淡合理调配，以塑造形体，烘染气氛。笔墨二字被当做中国画技法的总称，它不仅仅是塑造形象的手段，本身还具有独立的审美价值。

3. 构图

中国画的构图一般不遵循西洋画的黄金律，而是或作长卷，或作立轴，长宽比例是"失调"的。但它能够很好地表现特殊的意境和画者的主观情趣。同时，在透视的方法上，中国画与西洋画也是不一样的。西洋画一般是用焦点透视，中国画喜欢散点透视或多点透视。如我们所熟知的北宋名画张择端的《清明上河图》，用的就是散点透视法。（图8-1）

图 8-1

4. 敷色

中国画在敷色方面也有自己的讲究，所用颜料多为天然矿物质或动物外壳的粉末，耐风吹日晒，经久不变。敷色方法多为平涂，追求物体固有色的效果，很少光影的变化。

5. 中国画熔诗、书、画、印为一炉

中国画绘画也是其他绘画所绝无仅有的。宋代以后，文人画的兴起，当时许多画家既是书法家，又是诗人，又擅治印。将诗书、题跋、篆刻引入画面，从而更加丰富了中国画表现形式的完美性。诗书画印结合得浑然一体，从而奠定了中国民族绘画的基本特点。

6. 装裱

中国画的独特的装裱方式也起到了画龙点睛的作用。俗话说："三分画，七分裱"，本来皱褶不平的画幅，经过装裱，使画芯的颜色、墨色衬托得鲜艳醒目。特别是加上古色古香的绫子，再配上天地轴，顿使画面生辉，成为一个完美的艺术品，更使其欣赏价值、收藏价值得以增值。（图 8-2）

图 8-2

装裱方法：亦称"装潢""装池""裱背"，是我国特有的一种美化和保护书画及碑贴的技术。其方法是先用纸托裱在书画作品的背后，再用绫、绢、纸镶边，及至扶活，然后安装，轴杆或版面。成品按形制可分为卷、轴、册页和片。经装裱后的书画，碑帖便于收藏和布置观赏。明代周嘉胄所著《装裱志》，清代周二学所著《一角篇》及现代冯鹏生所著《中国书画装裱概说》，杜子熊所著《中国书画装裱》，都是系统论述书画装裱的专门著作。

装裱师的文化素质能左右书画装裱的成功与否，高明的装裱师除了应有过硬的技术外，还应有较深的艺术修养和较高的鉴定水平，要能根据不同的作品，选用与之相协调的装裱材料与格式，既能烘托作品的气氛，又能增加书画的意境。装裱国画，传统的方式大体上分四个步骤：托画、镶边、覆背、装杆。

⑴托画：托画就是在原作（行话叫"画芯"）的背部托上一张宣纸。托画前先要用口水在画中不重要

的地方试下墨，看是新墨画的，还是宿墨。如果是新墨就按正常的方法来托，如果是宿墨，就采取"飞托"的方式。正常的托法是，把画心背面朝上放在台子上，先用水喷湿，让纸"伸伸腰"，然后刷上稀糨糊，再将一张空白的宣纸粘在上面。画托好后要"上墙"，使之平复，干后取下，然后"裁方"。

⑵镶边：裁好后的画芯要"养局"，然后镶边，将托好的绫（以前也有人用仿绫纸）镶在画的四周，先镶两边，再镶天地头。

⑶覆背：在镶好的画背面再托一层背纸，背纸也要先托好，也可以直接用夹宣代替，方法同托画。

⑷装天地杆：天杆为方，地杆为圆，装好后在天杆两头略向中心的地方，对称地装上"孔"，将"惊燕带"穿好；地杆两头要留出装轴头的长度，稍削细一点，然后在露出的两端上涂上白乳胶，装上轴头。

中国画的样式选择：

（1）宣和装：又称"宋式裱"。是北宋徽宗（赵佶）内府收藏书画的一种装裱形制。因徽宗宣和年号（公元1119—1125年）而得名。此种样式是装裱中最复杂的一种。如故宫博物院所藏梁思闵《芦汀密雪图卷》，其天头用绫，后隔水用黄绢，尾纸用白色宋笺，加画本身共五段，并按一定格式盖有内府收藏印章。（图8-3）

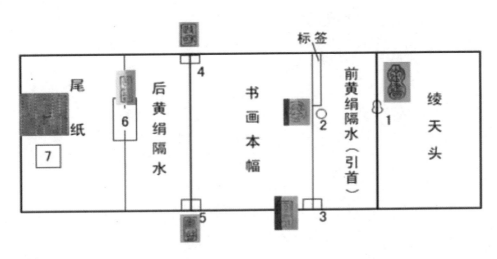

图8-3

（2）吴装：吴装亦称"吴家样"。中国画的一种淡着色风格。相传始于唐吴道子的人物画，故名苏、扬两地装裱历经明清数百年，承前启后，名驰全国，号称吴装。其裱件平挺柔软，镶料配色文静，装制切贴，整旧得法。《装潢志》谓："王州世具法眼、家多珍秘，深究装潢"。明代胡应麟《少宝山房笔丛》有吴装最善，他处无及的高度评价。

（3）红帮：装裱形制的一种。新中国成立前苏州、扬州和上海等地有一种专裱红白立轴对联，专供婚丧喜庆之用的，称为"红帮"。

（4）行帮：新中国成立前上海、苏州、扬州各地就其装裱工艺的不同，有一种专裱普通书画的，称为"行帮"。

（5）一色裱：就是裱画镶料用一种颜色的。这要根据画芯的长短与画幅长短的比例而定，一般镶料长不超过画芯长的用一色装裱就可以了，如一张三尺长的画芯，加三尺长镶料，裱成六尺长幅式的立轴，只用一色即可，在镶料色彩的运用上，以突出画芯的画意为目的，不能用强烈的对比色，要使其美观，大方为原则。

（6）二色裱：二色裱是在四周用适当颜色镶上，其余不够的长度再采用深色较为稳重的镶料，接凑于天地头裱成需要的长度。如画芯长是二尺，要想裱成六尺左右的长度，就需加四尺镶料，这样只用一色，则镶料长于画芯的一倍，在配色上有喧宾夺主的副作用，同时也显得单调。这样就可裱成二色，即圈的上下，另加天地。

（7）三色裱：三色裱，是圈与天地之间加隔界。其边的宽度可随画幅的大小而定，或三寸，或二寸，或一寸五分不等。圈的颜色应浅些，天、地头应深些，隔界不深不浅起过渡作用。这样裱的画，色彩为协调，并有温文、柔和、肃穆的情趣。但圈、隔界、天地的颜色不要过分相近，应有节奏感。

（8）仿古装池：这是新中国成立前苏州、上海、扬州各地就够得上称为装潢艺术的，专为书画名家和收藏家装裱珍贵书画的，称为"仿古装池"。

（9）惊燕：亦称"绶带"，原只是垂在画的天头处，燕子飞近画面，两带自然飘动，可惊走燕子。后来用它作为装饰，就把这两条带子固定在天头上，刺绶带的宽度可根据画的宽度而定，如二尺宽的裱件可用六分宽的绶带较为合适。它的长度与天头一样，但不要太厚，厚则使画不平。如隔界是绫子的，绫上有花纹，那么刺绶带时就要注意花纹的完整。（图8-4）

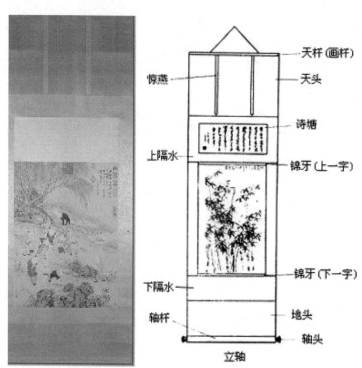

图 8-4

二、中国画的展现方式

中国画的展现，根据绘制的材料种类和载体的不同，有非常多的展示方式，主要就是为了"满足交流目的"服务。

1. 手卷

作为中国绘画的基础展现形式，"手卷"短的有四五尺，长的可以至几十米。手卷字画通过下加圆木作轴，把字画卷在轴外的方式，将手卷画装裱成条幅，便于收藏。把画裱成长轴一卷，就称为手卷中的"长卷"，多是横看，而画面连续不断，中国古代的长卷绘画遗产丰富，初期源于汉代，魏晋南北朝时期达到鼎盛，绘画长卷多为表现宏大的社会叙事题材，其作品有着"成教化、助人伦"的社会教育功效。长卷绘画的代表作有《洛神赋图》《清明上河图》等，在表现人物的形、神、韵方面，达到了很高的造诣。（图8-5）

图8-5 《清明上河图》

2. 中堂

中堂是中国书画装裱样式中立轴形制的一种，是随着古代厅堂建筑的发展演变逐渐形成的较大尺寸的画幅，因主要悬挂于房屋厅堂而称为"中堂"。中堂形制的书画作品不仅幅面阔，而且显得格外高大，纵和横的比例为2.5∶1或者3∶1，甚至达到4∶1。作为中国绘画的室内主要展示形式，明代文震亨《长物志》曾经归纳为："悬画宜高，斋中仅可置一轴于上，若悬两壁及左右队列，最俗。长画可挂高壁，不可挨画竹曲挂。中堂宜挂大幅、横批，斋中宜小景、花鸟；若单条、扇面、斗方、挂屏之类，俱不雅观。"清代初期，在厅堂正中背屏上大多悬挂中堂书画，两侧配以堂联，渐为固定格式，直至今日，江南一带的农村仍以这种形制装点厅堂。（图8-6）

3. 扇面

扇面画是将绘画作品绘制于扇面上的一种中国画门类，这种类型展现方式，集实用性和艺术性为一体，既渲染文学和书画作品，又极具实用性。从形制上分，圆形叫团扇（纨扇），盛行于宋代；折叠式的叫折扇，明代时期成为扇面画的顶峰时期。扇面画的装裱形式还可以分为：在折扇或圆扇的扇面上直接题字或绘画；在团

图8-6

型纸本或绢本上写字作画，再取来装裱，这种方式可称压镜装框；由于圆形或扇形的形式美丽，所以也有人将绘制好的画面剪成圆形或扇形，然后装裱，也别具风格。（图8-7）

图8-7

4．册页

也称为"叶子"，是受书籍装帧影响而产生的一种装裱方式，宋代以后比较盛行，专门用于装裱小幅书画作品。册页一般有正方形、长方形、竖形或横形，其尺寸大小不等，将多页字画装订成册，称为册页。在展示上册页与手卷极为相似，便于欣赏和收藏、保存，历来备受艺术家青睐，例如宋代的《宣和睿览图册》便是较早的代表作品。中国古代官员上奏朝廷的奏折也是这种形式。（图8-8）

图8-8

5．屏风

屏风是一种室内陈设物，主要起到挡风或屏障作用，多与中国传统环境玄学有关，而画在屏风上的画，称为屏风画或者屏障画，也有称为画屏、图障的。最早的屏风其实是宫廷用具，用以展现天子威严的象征物，魏晋时期，屏风才进入贵戚士族人家中，屏风画也由此盛行起来。（图8-9）

三、中国画挂画注意事项

（1）一帆风顺字画：亦由于五行生克的原理，所以不宜挂在南方，另外必须注意的是帆船下的浪花不能朝向门窗。

（2）山水画：山水字画摆法较为讲究，一般适合摆在全屋座方（门的另一方）或居室坐椅、睡床位置的左手边；山势平圆的字画亦可挂在书桌后面作为"靠山"，能增加贵人运。易挂在客厅、会议室、办公室的座椅后等。

（3）竹子字画：寓意升高，节节高，易挂放在书房、孩子卧室、办公室等。

（4）荷花字画：也是莲花，寓意和气，出污泥而不染，信佛的也有寓意圆满、善心等，易挂在客厅、会议室、老年人卧室等。

（5）颜色太深或者黑色过多的图画不可买。此等画看上去令人有沉重之感，使人意志消沉、悲观和做事缺乏冲劲。

图 8-9

（6）不宜挂超过一幅的人物抽象画，因会令家人的情绪反复大，心理不平衡，容易神经过敏。

（7）画了日落西沉的画不要挂，因此类画有令人减低冲劲的效果。

（8）不适宜挂已故亲人的大头画像，因它会令你做起事来倍增压力。

（9）不要挂上红色太多的画，因为会令家人受伤或脾气暴躁。

（10）沙发顶上的字画宜横不易竖，若沙发与字画形成两条平衡的横线，那便可收相辅相成之效。

（11）一些意境萧条的图画悬挂在客厅上，这从风水学角度上说并不适宜。大致包括惊涛骇浪、落叶萧瑟、夕阳残照、孤身上路、隆冬荒野、恶兽相搏、枯藤老树等几类，这样的字画会显得无精打采，暮气沉沉，居住其中，心情自然受影响，因此客厅还是应以悬挂好意头的字画为宜。另外如房间过暗的，可在家室的暗墙上悬挂葵花图，取其"向阳花木易为春"之意，可弥补采光上的缺陷。

图 8-10　国画四君子：梅花、兰花、竹子、菊花

第二节　西方绘画

西方绘画，简称西画，包括油画、水粉、版画、素描等画种。最早的西画也是源自原始壁画，在漫长的中世纪里，壁画一直作为宗教的艺术存在。而西方绘画中，油画作为最重要的一种门类长期存在，甚至

很多时候人们将油画作为西方绘画的代名词。但是，无论是哪种形式的西方绘画，基本上都具有以下特点：

作画方式：西方绘画作为一门独立的艺术，画家们从科学的角度来探寻形成造型艺术美的根据，不仅用模仿学说作为传统理论的主导，也加入了透视学、艺术解剖学和色彩学，重点分析和阐释事物的具象和抽象形式。

作画手法：西方绘画与中国绘画最明显的区别在于，西画是一种"再现"艺术，追求对象和环境的真实。

作画题材：西方绘画题材多样，有描述上流社会生活场景的作品，也有表现宗教圣徒殉难场景的作品，也有描绘一般景物的作品。

一、西方绘画品种

油画、水彩画、水粉画和版画等画种，组成了西方绘画中的主要品种，在经历过千百年发展后，西方绘画已经成为一种既有具象又有抽象的实践性艺术。其中，素描（包括速写）是所有种类画作的创作基础，要求作品能准确而及时地描绘出物象的特征；油画、水彩画及水粉画则体现了绘画的精彩，要求画作能够对色彩光影有非常强烈的体现，壁画和版画等则会非常重视体现画作的整体性和结构完整性。设计师们要想掌握好西方绘画，并对比做出欣赏、判断，就需要根据不同的画种去熟悉和了解各种绘画技术、手段、工具和资料，通过不断的训练和经验累积，为每个项目配置合适的画作。西方绘画的主要品种有：

（1）素描：根据素描绘画的表现手法不同，素描可以分为光影素描、结构素描、白描和速写，设计专业学习的手绘表现就是素描的一种。素描作为绘画的基本功，是主要用单色的线条和块面来对物象进行描绘的绘画形式，采用极为简练的线条来重点刻画出事物的神态、形态和动作特征，素描可以不受约束地取材于任何事物。（图 8-11）

（2）油画：在西方美学史上，尼德兰画家扬·凡·爱克是油画的发明者，这是一种将亚麻油和核桃油作为媒介，将油质颜料画在布、模板或厚纸板上的绘画形式，它的前身是 15 世纪以前欧洲的淡彩画。油画作为西画中的主要画种，适合创作大型、史诗般的巨作，现在存世的西方绘画作品主要是油画作品，如今被大多数人收藏和接受，已经成为世界艺术中最具影响力的绘画艺术形式和重要画种。由于油画是以易于调和的油剂（亚麻仁油、罂粟油、核桃油等）来调和颜料，在亚麻布、纸板或木板上进行创制的一个画种，画面所附着的颜料有较强的硬度，当画面干燥后，能长期保持光泽。在画面构成上，油画非常重视和讲究画面充实，并按照自然的秩序来布置画面，从而能呈现出比较真实的境界。（图 8-12）

图 8-11

图 8-12

（3）水彩画：用水调和颜料，完成的绘画创作被称为"水彩画"。现在认为，凡是用水稀释的比如亚克力、透明水彩液和水彩铅笔等材料创作而成的画作，都称为水彩。水彩画的题材十分丰富和广泛，有建筑、风景、静物和人物，在画这些题材的时候，水彩画根据颜料的特性，采用了区别于油画和水粉画的"留空"技法，因为水彩颜料中的浅色不能覆盖深色，所以水彩画中一般用深一些的色彩来"留空"所描绘事物的浅亮或白色部分，并采用淡色和白粉来提亮内容。（图 8-13）

（4）版画：使用刀或者化学药物，在木板、石板、麻胶、铜和锌等材质上进行雕刻，然后将其印刷出来所形成的图画，被称为版画。版画按照使用材料，可以分为木版画、铜版画、石版画和丝网版画等；按照颜色可以分为单色版画、黑白版画和套色版画等；按照制作方法可分为凸版、凹版、孔板、平版和综合版等种类。（图8-14）

（5）壁画：一种至今盛行的艺术形式，主要是指直接绘制或把画好的画布绷制在建筑物的天花板或墙壁上的图画。这种非常古老的绘画形式，一直可以追溯到古埃及、古印度、古巴比伦时期，尤其以意大利文艺复兴时期的教会壁画最为繁荣，产生了大量的经典名作。（图8-15）

图 8-13

图 8-14

二、油画概述

凭借颜料的遮盖力和透明性能较充分地表现描绘对象，色彩丰富，立体质感强。油画是西方绘画中的主要画种之一。油画一般重形似、重再现、重塑性，常运用焦点透视以面塑性。油画颜料具有较强的遮盖力，表现形式抽象、写实、映像。油画题材非常广泛，不像国画主要局限于人物、山水和花鸟，油画的题材有人物肖像画、人体画、风景画等广泛题材。

图 8-15

1. 油画的特点

（1）油画是油质颜料的色彩造型。油画颜料黏稠，覆盖力强，品色繁多。

（2）油画具有丰富的表现力。油画适宜在平面上创造一个"立体空间"，表现出感受世界的视觉感受。

（3）油画是光和色的技术，在表现质感、空间感方面是任何画种不能匹敌的。油画是用颜色去表现对象的，它以颜色的三属性与色性来表现绘画对象的色彩关系。

（4）油画的技巧多样，有厚涂法、薄贴法、点彩法、渲染法等，有的手法细腻不见笔触，有的手法粗犷色彩斑斓。

（5）油画覆盖力强，为了追求视觉上的和谐，其表现层次的方法一般是从暗颜色开始作画，接着用中间颜色去压暗颜色，然后用浅颜色去压中间颜色，最后用最亮的颜色去压浅颜色，所以油画的亮色常常画得最为厚重。

2．油画的装裱方式

（1）画芯：无装裱的油画布。

（2）无框画：画芯＋实木内架。（图8-16）

（3）有框画一：画芯＋实木内架＋外框。（图8-17）

（4）有框画二：画芯＋实木内架＋麻条边＋外框。（图8-18）

图8-16

图8-17

图8-18

三、油画与不同风格的装修和家具搭配

（1）纯欧式风格适合古典油画，如：古典风景、古典花卉、古典人物。（图8-19）

（2）别墅、高档欧式装修住宅可考虑多选择一些肖像人物油画、巴洛克宫廷人物油画，搭配少量古典风景、古典花卉。（图8-20）

（3）简欧式房屋可以选译一些印象题材油画，田园装修风格则可配花卉题材、田园题材、地中海题材等乡村题材油画。

（4）偏中式风格的房间最好选择中国题材的灰色调构图油画作品，图案以传统的山水、花鸟鱼虫为主，因为这些装饰油画多数带有强烈的传统民俗色彩，和中式装修风格十分契合，另外，这种装饰画也很适合那些对此有特殊爱好的业主。题材及画面选择：长城、黄河、江南景、农村题材等带中国元素的装饰油画、工笔油画。

（5）偏现代的装修适合搭配印象、抽象题材的油画。（图8-21）

（6）后现代等前卫时尚的装修风格则特别适合搭配一些具现代抽象题材的装饰画，也可选用个性十足的装饰画、抽象主题海报等。

图8-19　　　　图8-20　　　　　　　　　　　　　　　　图8-21

第三节　现代装饰画

一、现代装饰画的概述

现代装饰画，是指带有浓厚的装饰意味，运用夸张、变形、概括和修饰等手法绘制而成的图画。现代装饰画的特点：造型简练，色彩明快，对比强烈，鲜艳。

二、装饰画与绘画的不同

装饰画和纯绘画的区别可以从功能上划分：凡是用来装饰器物或建筑的，无论其选题、构图、色彩、造型只要以被装饰对象的要求为准绳，并使之与装饰物统一于一体者，不管其运用什么手法都应属于装饰画的范畴。从艺术上看装饰画更程式化，强调节奏和韵律。从功能上看装饰画具有从属性，常常取决于生产上的工艺性，因此具有一定的约束性。装饰画可以使用中国画、油画、版画和工艺画等所有的表现手段，也能进入独幅画、组画、壁画、年画、宣传画、文学作品插图和科普画等一切画种的领域。装饰画的描写对象可以从人物到山水，从花鸟到静物，即可海阔天空地抒发感情，又可长篇地描写故事，可画现实当中看到的、听到的，也可画幻想的，不受时间、空间的限制。将不同时间、不同场合甚至把天上和人间组合，发挥想象力。

三、装饰画的种类

（1）运用工艺材料和手段绘制而成的。如刺绣，壁挂等，又称"工艺绘画"。

（2）运用绘画材料和工具绘制而成的，如壁画、广告等。

（3）运用现代电脑技术设计而成的，又称"电脑绘画"。（图8-22）

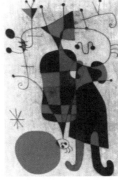

图8-22

第四节　画品在不同空间中的运用

随着人们生活品位的提高，室内环境的不断改善，室内装饰样式越来越多。不同区域选不同题材，装饰画摆放的空间也是影响装饰效果的重要因素。

（1）客厅

客厅是平常活动的主要场所，类似装饰画类的配饰往往成为视觉重点，可以选择以风景、人物、聚会活动等为题材的装饰画，或让人联想丰富的抽象油画、印象油画。如果是别墅等高档住宅，也可根据整体装修风格选择一些肖像油画或根据具体装饰风格特别定制的装饰油画，更能彰显主人的身份和地位。（图8-23）

（2）餐厅

在餐厅内配一幅轻松明快、淡雅柔和的画，会带给您愉悦的进餐心情。挑选餐厅配画的时候应注意以下几点：色调要柔和清新，画面要干净整洁，笔触要细腻逼真。特别指出的是，在餐厅与客厅一体相通时，最好能与客厅配画相连贯协调。

水果画、花卉画、陶瓷画等与吃有关的装饰画都是不错的选择，把明亮色块组成的抽象画挂在餐厅内也是近来颇为流行的一种搭配手法。（图8-24）

（3）卧室

卧室是休息的场所，讲求温馨浪漫和优雅舒适。选择悬挂芭蕾舞油画、完美人体油画、花卉等题材的暖色系装饰画，营造一种温馨的休息空间。根据墙面颜色选装饰油画，欧式风格壁纸选择带欧式画框的灰色调装饰油画；简欧风格选择现代的无框油画或简约白色、银色系的带框的装饰油画；如果墙面大面积采用了特殊材料，则根据材料的特性来选画，木质材料宜选花梨木、樱桃木、深咖啡色等带有木制画框的油画，金属等材料就要选择有银色金属画框的抽象或者印象派油画；光线不好的房间尽量不要选择黑白颜色或者国画，会让空间显得更加阴暗。相反，如果房间光线太过明亮，就不宜再选择暖色调和色彩明亮的装饰画，会让视觉没有重点或眼花缭乱。（图8-25）

图8-23

图8-24

图8-25

（4）书房

书房配画，很大程度上是客厅配画的一种延伸。但由于书房的自身特点，在侧重点上会与客厅配画略有不同。首先，由于书房的空间一般来说都比较小，所以应把握好尺幅上的选择，过大会导致强烈的压迫感，过小则不但给画自身带来了局限，而且会部分丧失其应有的功效。其次，要注意把握好"静"和"境"两个字。画面主题内容的动感度应较低，同时在色调的选择上也要在柔的基础上偏向冷色系，以营造出"静"的氛围。配画构图应有强烈的层次感和远延拉伸感，在增大书房空间感的同时，也有助于恢复眼部疲劳。在题材内容的选

图 8-26

取上，除了协调性、艺术性外，还要偏向具有浓厚历史文化背景的主题，以达到"境"的提升。（图 8-26）

（5）儿童房

配画应选取卡通类等轻松明快的主题。（图 8-27）

图 8-27

（6）卫生间、厨房

细节中见品位，如果您是一位完美主义者，一定不会放任家中存在这种"死角"（尤其是客用卫生间）。

（7）楼梯和走廊

长长的走廊或楼梯，两侧悬挂着一幅幅精美的油画，配合上方射灯柔和的灯光，配合古典的旋律，营造出一条灿烂夺目的艺术长廊。选定作品后只需要修理一下小细节即可，比如尺幅统一且不要过大，画框款式要相称，作品悬挂高度要适中等。

第五节　画品在空间中的挂画技巧

一、画品在空间挂画的要求

（1）画的高度：画的中心线在视平线的高度上，能起到很好的装饰效果。（图 8-28）

（2）面积的比例：在选择画时要考虑摆放的位置及与被装饰物体的比例关系，比如在沙发上的画的面积，是否过大，造成头重脚轻。（图8-29）

（3）画的宽度：画的宽度最好略窄于沙发，可以避免头重脚轻的错觉。（图8-30）

（4）考虑环境：沙发旁边的书柜、壁柜、落地灯、或是窗户，可作为挂画的参考。比如，参考书柜的高度和颜色，可选择同样颜色的画框，挂画高度与书柜等高，让墙面更有整体感。（图8-31）

图8-28　　　　　　图8-29　　　　　　图8-30　　　　　　图8-31

二、画品在空间挂画的方法

（1）对称挂法：这种挂法简单易操作。图片的选择，最好是同一色调或是同一系列的图片，效果最好。（图8-32）

（2）均衡挂法：画的总宽比被装饰物略窄，并且均衡分布。图片建议选择同一色调或是同一系列的内容。（图8-33）

（3）重复挂法：在重复悬挂同一尺寸的装饰画时，画间距最好不超过画的1/5，这样能具有整体的装饰性，不分散。（图8-34）

多幅画重复悬挂能制造强大的视觉冲击力，不适合房高不足的房间。

（4）水平线挂法：水平线齐平的做法，随意感较强。照片最好表达同一主题，并采用统一样式和颜色的画框，整体装饰效果更好。（图8-35、图8-36）

图8-32

图8-33　　　　　　图8-34　　　　　　图8-35

图 8-36

水平线齐平的做法，既有灵动的装饰感，又不显得凌乱。如果照片的颜色反差较大，最好采用统一样式和颜色的画框来协调。

（5）中线挂法：让上下两排装饰画集中在一条水平线上，灵动感很强，选择尺寸时，要注意整体墙面的左右平衡。（图 8-37）

使用中线挂法时，要考虑被装饰物的形状，如在 L 形贵妃椅上装饰，装饰画品大小走势同贵妃椅外形一致。

图 8-37

（6）方框线挂法：混搭的手法不单单使用在纺织品上，在装饰画上同样适用。不同材质、不同样式的装饰品，构成一个方框，随意又不失整体感。混搭的手法尤其适合于乡村风格的家！（图 8-38）

图 8-38

根据室内家具的材质和颜色选择画框，是最容易把握整体效果的好方法！

（7）建筑结构线挂法：沿着楼梯的走向布置装饰画品。（图 8-39）

沿着屋顶、墙壁、柜子，在空白处布满装饰画，这种装饰手法在早期欧洲盛行一时。适合房高较高的房子。

（8）放射式挂法：选择一张您最喜欢的画为中心，再布置一些小画框围绕做发散状。如果照片的色调一致，可在画框颜色的选择上有所变化。（图 8-40）

（9）搁板衬托法：不用再担心照片会挂得高高低低的，用搁板来衬托照片，还可以常换常新。（图 8-41、图 8-42）

用在电视墙上的搁板颜色，可以参考家具的颜色。多层搁板摆放可以填补窗户间的空白墙面，不但可以放置装饰画品，还可以放置轻巧的装饰品。9厘米深的搁板带有前挡，最适合放置照片，很安全，能防止照片滑落。

（10）自制挂画线：多余的窗帘挂绳，放上几个夹子，就可成为挂画线。适合有孩子的家庭，给孩子的作品有一个展示空间，方便常换常新。用磁贴展示照片或是留言给家人，方便易更换。（图8-43）

图 8-39

图 8-40

图 8-41

图 8-42

图 8-43

第九章　软装饰设计元素之墙纸

墙纸，也称为壁纸，是一种用于裱糊墙面的室内装修材料，广泛用于住宅、办公室、宾馆、酒店的室内装修等。材质不局限于纸，也包含其他材料。

因为具有色彩多样、图案丰富、豪华气派、安全环保、施工方便、价格适宜等多种其他室内装饰材料所无法比拟的特点，故在欧美、日本等发达国家和地区得到相当程度的普及。墙纸的发源地在欧洲，以意大利、英国的墙纸最好，美国、德国的墙纸次之，再就是日本、韩国等，墙纸在日本、韩国的普及率高达90%。

墙纸就是家居墙壁的衣服，我们总想给墙壁穿得漂漂亮亮增添生活的情趣，彰显自己的品位。墙纸在花式图案上不断推陈出新，被越来越多的人所喜爱。墙纸的图案从单一的抽象图案发展出很多风格的壁纸，家居情趣瞬间提升。

墙面之于家居，就像公主的晚礼服，墙面的精心布置可以让整个家充满生动的表情，尤其是选择个性化和高品质的装修，新型壁纸在质感、装饰效果和实用性上，有着神奇的效果，壁纸元素的注入居家设计，可使得家居形象身形曼妙。(图9-1)

图9-1

墙纸，源于贵族生活方式，是对贵族生活方式的经典演绎。作为欧洲贵族装饰艺术的重要组成部分，和欧洲贵族生活方式的室内乐、芭蕾、歌剧以及西餐一样，发源于意大利。在中世纪的欧洲，贵族们除了使用昂贵的挂毯来装饰室内空间外，也流行请艺术家在纸上作画，用以装饰墙壁。墙纸传入中国，大约在1880年，基本只在租界内的洋房使用，没有对社会审美产生任何影响。如果从1840年英国首次用机器生产出墙纸开始，世界墙纸产业发展至今已有270多年的历史。从1978年中国生产出第一支墙纸开始，中国墙纸产业的发展至今也有30多年的历史。

第一节　墙纸的优点

1.墙纸是由设计师创意并会同工艺师制作的，具有工艺审美与个性风格的潮流化产品。

2.应用范围较广。基层材料为水泥、木材，粉墙时都可使用，易于与室内装饰的色彩、风格保持和谐。

3.维护保养方便。墙纸耐擦洗性能好，清洁剂就是清水，易于清洁，并有较好的更新性能。尤其对于凹凸不平或有裂缝的墙面，更有修饰美化的作用。且具有相对不错的耐磨性、抗污染性、便于保洁等特点。

4.使用安全。墙纸具有一定的吸声、隔热、防霉、防菌功能，有较好的抗老化、防虫功能，无毒、无污染。

5.墙纸具有很强的装饰效果，不同款式的墙纸搭配往往可以营造出不同感觉的个性空间。它能最方便快捷地改变墙面风格与气氛，使环境变得行动丰富。就如一个普通女孩若有条件打扮一番，就会光彩夺目。

装扮女孩的是时装,修饰墙面的是墙纸,墙纸即墙之时装。无论是简约风格还是乡村风格、田园风格还是中式、西式、古典、现代,墙纸都能勾勒出全新的感觉,这是乳胶漆或其他墙面材料做不到的。

6. 墙纸的铺装时间短,可以大大缩短工期。

7. 墙纸具有防裂功能。在保温板上做乳胶漆,不管是加了的确良布还是绷带,交工之后没有多长时间,有的裂缝便显露出来,而墙纸能很好地起到规避这一缺陷的作用。

8. 它是相对最经济的提升环境档次的方法,墙纸普及率高的地区一定是文化品位较高而且经济较发达的地区,在欧美,普及率大于 65%,日、韩高达 90%。

第二节 常用风格墙纸分类

一、欧式风格

是指具有欧洲传统艺术文化特色的风格,是传统风格之一。

1. 欧式古典主义风格墙纸

欧式古典主义风格墙纸款式的创意设计基本源自古罗马建筑的外立面的拱门、立柱的镶边、皇冠的外貌等表现形式;取材多是以自然界的知名植物的叶与条;墙纸款式既注重整体布局的威严与严谨,同时也特别注意细节的层次及周密感,这样设计也是为了炫耀当时帝王将相、达官贵人的权威与财富。久而久之,以其沉稳、大气、奢华、厚重的基调而成了人们尤其特别追捧的风格之一,纸基本以仿制为主。如经典的大马士革图形起源于世界著名古城大马士革城,大马士革有着"古迹之城""天国里的城市"之称,被认为是古代文明的代表,因此大马士革图形被作为历史图腾广泛流传。(图9-2)

2、欧式新古典主义墙纸

新古典主义风格的墙纸,同样是配合了当时欧洲文化开放性、包容性内在需求的特定历史背景,这是与该风格诞生的历史环境相吻合。但相对以前各种风格流派,新古典主义墙纸强调形似而非神似,

图 9-2 大马士革图形

在追求外在趋同的时候,特别通过墙纸的色彩更多是以中性色调为主,多使用白色、金色、黄色、暗红等色调。少量白色糅合,使色彩看起来明亮、大方,使整个空间给人以开放、宽容的非凡气度,让人丝毫不显局促。同时在细节上,不再强调过去几种风格的厚重肌理及深浮雕纹理。新古典主义墙纸风格强调色明、开放、大气。(图9-3)

图 9-3

二、中式风格墙纸

20 世纪 80 年代末，中国艺术风潮以开放的姿态走向世界，世界范围内对古老的东方古国产生了浓厚的兴趣，国内外兴起了一股复古风，随着众多现代派主义的出现，那就是中式装饰风格的复兴，国画、书法及明清家具构成了家装设计的主要元素。气势恢宏、壮丽华贵、高空间、雕梁画栋、金碧辉煌，造型讲究对称，色彩讲究对比，装饰材料以木材为主，精雕细琢、瑰丽奇巧。中国风的墙纸开始流行。

中国式墙纸风格的特征：其一，在款式图案的选择上多以中国文化元素为主，尤其酷爱以字、石、砖、自然界的枯草、山水画等为题材；其二，在设计中特别强调对称、规则、和正等中国文化的体现；其三，比较擅长以编织的形式来制作。上述三个特征是目前中国原创墙纸与其他国家墙纸设计的明显区别。(图 9-4)

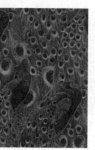

图 9-4

三、现代风格墙纸

现代风格以简洁的表现形式来满足人们对空间环境感性的、本能的和理性的需求，这是当今国际社会流行的设计风格。欧洲现代主义建筑大师密斯·范德罗的名言"Less is more"（少即多）被认为是代表着简约主义的核心思想。现代简洁时尚的线条勾勒出一幅时尚而具有动感的画面，可以有效降低居室的约束感。现代简约风格的特点是线条简约流畅、新潮、简洁、大方等，常见图案由圆圈、方框、竖条、曲线、非对称线条、几何图形或抽象图案构成。（图 9-5）

图 9-5

四、田园风格墙纸

田园风格墙纸就是指拥有"田园"风格的东西。具体一些表述为：以田地和园圃特有的自然特征为形式手段，能够表现出带有一定程度农村生活或乡间艺术特色，表现出自然闲适的内容的作品或流派。田园风格的核心：回归自然，不精雕细刻。主要是人们看腻了奢华风转而向清新的乡野风格转变；碎花、条纹、苏格兰图案是田园风格墙纸的永恒的主调。家具材质多使用松木、椿木，制作以及雕刻全是纯手工的，十分讲究。（图 9-6）

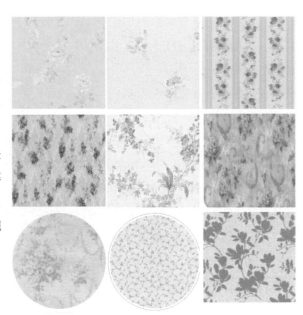

图 9-6

第三节　材质分类

1. PVC 墙纸其表面主要采用聚氯乙烯树脂，主要有以下三种：

（1）普通型——以 80g/m^2 的纸为纸基，表面涂敷 100g/m^{2}PVC 树脂。其表面装饰方法通常为印花、压花或印花与压花的组合。

（2）发泡型——以 100g/m^2 的纸为纸基，表面涂敷 300 ～ 400g/m^2 的 PVC 树脂。按发泡倍率的大小，又有低发泡和高发泡的分别。其中高发泡墙纸表面富有弹性的凹凸花纹，具有一定的吸声效果。

图 9-7

（3）功能型——其中耐水墙纸是用玻璃纤维布作基材，可用于装饰卫生间、浴室的墙面；防火墙纸则采用 100 ～ 200g/m^2 的石棉纸为基材，并在 PVC 面材中掺入阻燃剂。（图 9-7）

2. 纯纸墙纸分为两种：

（1）原生木浆纸——以原生木浆为原材料，经打浆成型，表面印花。该类墙纸相对韧性比较好，表面相对较为光滑，单平方米的比重相对比较重。

（2）再生纸——以可回收物为原材料，经打浆、过滤、净化处理而成。该类纸的韧性相对比较弱，表面多为发泡或半发泡型，单平方米的比重相对比较轻。（图 9-8）

图 9-8

3. 无纺布墙纸又叫布浆纤维或木浆纤维，是目前国际上最流行的新型绿色环保墙纸材质。

图 9-9

以棉麻等天然植物纤维经无纺成型的一种墙纸。不含任何聚氯乙烯、聚乙烯和氯元素，完全燃烧时只产生二氧化碳和水，无化学元素燃烧时产生的浓烈黑烟和刺激气味。视觉效果和手感柔和，透气性好！该类墙纸表底一体，无纸基，采用直接印花套色的先进工艺，比织物面墙纸图案更丰富，是高贵典雅的经典花纹与简约时尚的现代设计风格的完美结合。 无纺布墙纸因为采用天然材质，可能会有渐进的色差，属正常现象，而非产品质量问题。（图 9-9）

4. 织物面墙纸其面层选用布、化纤、麻、绢、丝、绸、缎或薄毡等织物为原材料，手感柔和、舒适，具有高雅感，有些绢、丝织物因其纤维的反光效应而显得十分秀美，但此类墙纸的价格比较昂贵。（图 9-10）

5. 天然材料面墙纸：以草、麻、木、叶等天然材料干燥后压粘于纸基上，具有浓郁的乡土气息，自然质朴。但耐久性、防火性较差，不宜用于人流较大的场合。（图 9-11）

图 9-10   图 9-11

6. 金箔墙纸：此类墙纸的面层以金箔、银箔、铜箔仿金、铝箔仿银为主，具有光亮华丽的效果。金属箔的厚度为 0.006～0.025mm。一般工艺比较复杂，有的甚至需要经过几十道工艺而成。（图 9-12）

7. 墙布：这里所说的墙布是指美国布基纸，它的面层以高强度树脂为原材料，具有耐擦洗、抗摩擦、阻燃、防水的特点。底层以网格布或无纺布为主。适合高端的酒店、公寓、别墅、私人会所等地方的公共区域使用，如：过道、大堂、洗手间等地方。（图 9-13）

图 9-12   图 9-13

8. 硅藻土墙纸：硅藻土是由生长在海、湖中的植物遗骸经百万年变迁形成的，其表面有无数的细孔，具有独特的调湿、保湿、透气、防霉、除臭的功效。由于它的物理吸附作用和氧化分解作用，可以有效去除空气中的游离甲醛、苯、氨、VOC 等有害物质以及宠物的体臭、吸烟和生活垃圾产生的异味。（图 9-14）

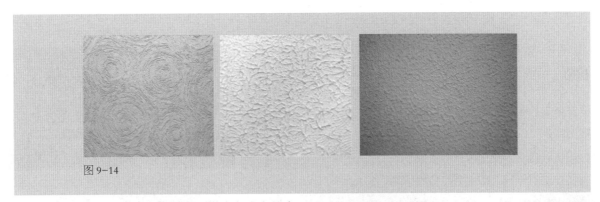

图 9-14

9. 日本和纸：和纸同榻榻米一样，在日本从古至今一直被沿用，被世人尊称为"纸中之王"。和纸柔软、轻便、木纹粗，它比一般的纸更结实耐用。它如同中国的宣纸，是手工抄出来的。日本现存最早的和纸距今 1300 年，仍然表现出昔日的光泽，其耐用程度和强大的生命力叹为观止。和纸墙纸是在传统的基础上，利用现代化的抄纸机器抄成。表

图 9-15

面具有防污性、防火性，色泽统一，基本上看不到斑点。由于采用天然材质，不含任何有害物质，能针对家里房间湿度的变化，吸湿、放湿，也不会因光照而变色。具有手工抄纸的优秀品质。（图 9-15）

10. 云母片墙纸：云母是一种含有水的层状硅酸盐结晶，具有极高的电绝缘性、抗酸碱腐蚀性，有弹性、韧性和滑动性，耐热隔音，同时还具有高雅的光泽感。因为以上特性，所以说云母片墙纸是一种优良的环保型室内装饰材料，表面的光泽感造就了它高雅华贵的特点。（图 9-16）

第四节　不同空间选择搭配墙纸

一、客厅墙纸：宜素雅适恬淡

客厅是接待客人的地方，一般不要布置得太有个性。如果是满墙贴饰可以选择淡色小花的墙纸，这样会使居室空间显得大一些。欧式风格的装修可以搭配竖条花色的墙纸；现代感的则应该用冷色调，因而暖色调使用时间长了会让人觉得烦躁。背景墙

图 9-16

的色彩搭配则要与家具相适应，但要注意墙纸和家具所用颜色不要超过三种，否则会显得很乱。（图 9-17）

二、书房墙纸：重氛围，不重色彩

拥有一个充满浓墨书香的书房，是主人对生活品质的追求，对书房而言，更加适合有故事、有主题的墙纸，不必太过注重色彩，清新素雅胜于绚丽夺目，氛围营造更重要。书房可用安静的浅色调来装扮。浅蓝、浅灰、米黄等都可放心选择。图案不要太过烦琐，清晰明朗才能安稳情绪。单色墙纸可四壁满铺，有特殊图案的墙纸则可单面墙或局部铺贴。如果书房较小，一定要购买透气性好的墙纸。（图 9-18）

三、餐厅墙纸：要简洁也要有趣

桌椅、餐具等已经让就餐氛围热闹起来，墙纸便可尽量简洁有趣，与环境融合尤为重要。色彩图案不同的餐厅墙纸能给人带来不同的感官刺激，照顾你的味蕾。餐厅是与客厅紧密相连的次空间，对于花色的选择需要谨慎，红色使人兴奋，绿色保持食欲，鹅黄韵味悠长……

独立餐厅可以四壁满铺，就餐区可以单面墙整铺或局部铺贴。用色活泼能激发食欲，纯色墙面显得干净质朴，雅致图案则更凸显家人团聚的温馨。（图9-19）

图 9-17

图 9-18

四、卧室墙纸：自我空间展示个性

卧室是最个人的空间，承载着主人的喜好。虽说原则上以主人最喜欢的花色为准，但一般来讲可以分为两种情况。大花色，成就浑然天成的大气；小碎花，营造极致浪漫的温婉。通常而言，卧室装饰偏向于女主人的喜好，如果女主人是个干练的职业女性，居家装饰就要体现一种豪放与大气。不妨选择床对面的墙充当背景墙，铺贴与其余三面墙完全不同的花卉图案的墙纸，注意花心的颜色与其他墙体颜色一致，整体感觉大气浪漫，而又充满艺术之感。（图9-20）

图 9-19

图 9-20

五、儿童房墙纸：环保至上

儿童房是最适合墙纸的地方，而它的墙纸也是最漂亮的。儿童房墙纸的首要要求就是环保，其次才是风格。同时儿童房，因主人的年龄差异而选用不同的墙纸。10岁以下孩子的很多知识都是从直观认识得来的，所以这部分孩子的房间可以贴一些卡通图案的墙纸，这有助于刺激孩子的感知。而10岁到18岁的孩子，最讨厌的就是被当作小孩子，所以装饰不能太幼稚。基色，男孩子用冷色调，女孩子用暖色调，而在腰线装饰一些时髦的图案。女孩子可以放一些Q版的时髦女孩图案，男孩子则适合运动元素。（图9-21、图9-22）

图 9-21

图 9-22

六、浴室墙纸：干湿分离，功能第一

不要怀疑，浴室同样可以铺贴墙纸，随着新材料、新技术的改进，很多防水防潮性墙纸开始走进普通消费者家中。在干湿功能分区的浴室铺墙纸需要专业的设计和施工。防水墙纸不但适合浴室使用，同样花色繁多、施工便利，如果希望浴室空间丰富多变，不妨尝试一下。即使是在干湿分区的浴室采用防水型墙纸，也建议最好是在干区使用。日常需注意通风、及时清理、定期除尘，家具的边边角角尽量与墙纸保持距离。（图9-23）

图 9-23

第五节　墙纸与家居风格进行搭配

家是一个人心灵栖息的空间，在有意与无意间承载了主人的生活态度，这也就有了不同的家的风格，运用壁纸，让每个房间都呈现一种风格，给你欣喜表情。

1. 花草壁纸

轻柔淡雅、排列有致的缠枝小花，一眼就给人放松随性的舒适感。柔和的乡村风格，呈现出轻松温馨的主调，是壁纸款式中不退流行且广受欢迎的花色。适用空间主要以卧室为主，轻盈柔软的视觉感受，有助打造一个舒适的优质睡眠环境。但需要表现大气的客厅则较不宜小品形象的碎花壁纸。单面墙或者两面墙贴，不需整个房间贴满，可与直线条纹窗帘或壁纸混搭。家具搭配上，以乡村风格图案样式的寝具，或原木色家具，最能体现整体的融合性。（图9-24）

2. 几何图案壁纸

不夸饰、低调沉稳的波普风，图案以大圆中带小圆的手法，呈现缓和的秩序感，圆形线条略带浮凸光

泽质感；使墙面在不同的光线角度下，产生隐约的明暗律动。图案色彩沉稳安定，质感高贵大方却不华丽，因此不论需要表现大气的客厅、餐厅，或需要宁静优雅的卧室、书房，皆十分适宜。因小圆圈图案排列密集，家具线条不宜繁复，应搭配以简单利落

图 9-24

且纯色的家具为宜，与同属波普风，或较具现代感的家饰陈设搭配，最能有风格一致的整体感。

3. 条纹图案壁纸

简约的直条纹，设计以清淡的色调，和质朴的传统纸质结合，在风格、颜色、质感上的表现，呈现出温和清爽、舒适居家的感觉，也十分符合空间混搭手法需要背景模糊化的要求。中性调性的条纹花色壁纸，在客厅能表现整体大方，在卧房容易让视觉缓和，尤其现代居家空间多属开放性场景，从客厅、餐厅延伸到厨房，条纹的基调简单就可帮助整个空间达到风格上的延续。线条搭配花草、格纹等图案的家饰布料，在混搭中取得异中求同的协调性。单纯的颜色线条，局部墙面使用，便可把空间中所有不同的元素框在一起，壁纸本身即成为空间里不显眼的、简单的背景色。（图9-25）

图 9-25

4. 金银壁纸

金属光泽的冷调，简约中带奢华，闪亮的高贵质感，与质朴的纸质混搭，更增添空间墙面的层次感和立体感。在干净简约的空间使用，主要使用在客厅的主墙面，因为不论是表现华丽复古的金色系或冷调前卫的银色系，皆具贵气，最适局部装饰于落落大方的客厅。银色的冷调和后现代风格很MATCH，家饰的选择却可适用混搭的手法，在简约背景里去融合部分东方复古风家具，但须注意比例上的搭配。而

图 9-26

银漆光泽要达到最佳的视觉层次效果，必须在室内灯光的装设位置和角度上做变化。（图9-26）

第六节 墙纸搭配技巧

各种式样的墙纸被分类，再加上不同色彩的变化，使之能搭配不同的场合，也使设计者能找到适当的花色。同时腰带、天花板与勒脚板完美地协调，纤维制品如床罩、枕套的配合更增添了住家的品质。

1. 如何使房间看起来大一些：①用白底的墙纸；②选用冷色如绿、蓝、淡紫的墙纸；③小花、小图案或是大格花但有很多白底的图案。（图9-27）

2. 如何使房间显得小一些：①用黑底的墙纸；②用暖色如红、黄、橙色的墙纸；③大花而深色底。（图9-28）

3. 如何使天花板显得高些：①用直条纹或一种有向上支撑感觉的设计；②天花板用淡色底的墙纸；

③用花而且有"V"形或"U"形的绿叶陪衬，使人有向上发展的感觉。（图9-29）

4. 如何使天花板低一些：①墙纸一直贴到天花板，用深色或鲜明的颜色作底的墙纸；②使用会产生横条纹效果的墙纸；③墙纸贴到离天花板30cm处，在上面再贴天花板腰带，使天花板有向下落的感觉；④用腰带使视觉有分段的感觉。（图9-30）

5. 如何使房间显得宽些：①用横纹或有横纹效果的墙纸；②用深色的墙纸贴在窄的一面，用浅色的贴在宽的一面可以得到较好的效果；③深浅不同的纤维织品也有相同的效果。

6. 如何使分段的墙有整体感：用小的图案或没有图案的墙纸。

7. 如何掩盖建筑物或碍眼的物体：①用没有图案、不用对齐的墙纸或纤维制品；②绿色、灰色及棕色可帮助掩盖碍眼的物体。

8. 如何搭配家具及其他的装饰品：用墙纸的图案或形态来搭配房间里的装饰品。（图9-31）

9. 如何把房间的主题表现出来：用故事性或有主题的墙纸来表现，例如用纸牌、棋等图案的墙纸贴在休闲的房间。（图9-32）

图9-27　　　　　　图9-28　　　　　　图9-29

图9-30　　　　　　图9-31

图9-32　　　　　　图9-33　　　　　　图9-34

10. 如何在相邻的房间产生整体感：用配衬性或协调性的墙纸，几乎所有形态、图案都有配衬性的类型，同时也有与腰带一起搭配。这种在新式的家庭愈来愈多。

11. 如何使大礼堂看起来完整些：用大的图案或鲜艳明亮的颜色。（图 9-33）

12. 如何营造出正式而高雅的情调：用属于"传统正式"类的墙纸；用红色及淡紫色。（图 9-34）

以上为墙纸装饰上的基本技巧。墙纸也可改变情调，如黄色使房间显得活泼、愉快；蓝色使房间变得清新。图案也有助于营造气氛，可使人感到悠闲或感到精致。不过大多数的人不会单纯追求一种气氛。例如希望使用墙纸能衬托餐厅的高雅，又希望客厅能明亮又有悠闲的要求。

家居墙纸的装饰讲究自然和谐、浑然一体，墙纸包含了色彩、图案、质地等鲜活的特征，不能太过突出，毕竟它只是背景，因此，整体统一设计显得尤为重要。在决定墙纸的风格时，应考虑到地面材料、家具、饰品和灯光的同步设计。除尺寸等特殊效果外，一般来说，墙纸颜色越纯正、花型越素雅、铺贴效果越持久，同时也越经典，不致产生视觉疲劳。有良好的光稳定性能，色泽自然典雅，无反光感，上墙效果很好。此外，色系应统一，不宜在居住环境中应用反差大的墙纸。

暖色调或带小花图案的墙纸，制造一种温馨、舒适的感觉，再现生活版的韩剧"浪漫满屋"。用草、木材、树叶等制成面层的墙纸，风格古朴自然，素雅大方，生活气息浓厚，给人以返璞归真的感受……

10

第十章　软装饰设计元素之植物花艺

室内绿化和花艺是装点生活的艺术，是将花、草等植物经过构思、制作而创造出的艺术品。在家庭装饰中，花艺设计是一门不折不扣的综合性艺术，其质感、色彩的变化对室内的整体环境起着重要的作用。室内绿化、花艺具有多种功能，包括美化功能、文化功能和社会功能。这些功能的重要性日趋凸显，使它越来越受到人们的青睐。

第一节　室内绿化和花艺装饰

一、家庭花艺的主要功能

1. 柔化空间、增添生气

树木绿植的自然生机和花卉千娇百媚的姿态，给居室注入了勃勃生机，使室内空间变得更加温馨自然，它们不但柔化了金属、玻璃和实木组成的室内空间，还将家具和室内陈设有机地联系起来。

2. 组织空间、引导空间

采用绿植陈设空间，可以分隔、沟通、规划、填充空间界面；若用花艺分隔空间，可使各个空间在独立中见统一，达到似隔非隔，相互融合的效果。

3. 抒发情感、营造氛围

室内绿化和花艺陈设可以反映出主人的性格和品位，比如室内装饰的主题材料为松，则表现了主人坚强不屈、不怕风雪严寒的品质；以竹为主题材料，则表现的是主人谦虚谨慎、高风亮节的品格；以梅花为主题材料，则可表现主人不畏严寒、纯洁高尚的品格；以兰为主题，则能表现主人格调高雅、超凡脱俗的性格。

4. 美化环境、陶冶性情

植物经过光合作用后可以吸收二氧化碳，释放出氧气，在室内合理摆设，能营造出仿佛置身于大自然之中的感觉，可以起到放松精神、缓解生活压力、调节家庭氛围、维系心理健康的作用。

二、适合室内摆放的植物特性

1. 观赏特点

（1）观叶形叶色：①观叶形：叶形奇特、可爱，如龟背竹、琴叶榕、鹅掌柴、猪笼草等。（图10-1）
②观叶色：叶色鲜艳、秀美，如花叶芋、变叶木、网纹草、竹芋类等。（图10-2）

图 10-1　龟背竹

图 10-2　花叶芋

（2）观叶赏花，如观赏凤梨、白掌、玉荷包等。（图 10-3、图 10-4）

（3）观叶赏果，如朱砂根等。（图 10-5）

（4）观叶赏姿，如酒瓶兰、巴西铁、发财树等。（图 10-6、图 10-7）

图 10-3

图 10-4

图 10-5

2.生态特点

（1）喜温暖　多数种类越冬温度要求5℃以上，部分种类要求10℃～15℃以上。

（2）喜湿润。

（3）喜阴或耐阴。

①喜阴：在荫蔽条件下生长良好，如蕨类、天南星科、秋海棠类、竹芋类。

②耐阴：荫蔽条件下能正常生长，如棕榈科、五加科、榕树类、观赏凤梨类。

图 10-6　巴西铁

图 10-7　发财树

三、植物与花艺在不同空间中的陈设方法

对于生活要求更舒服和高品质的人们，需了解不同空间的家居花艺主题，才能打造时尚新生活。

1.门户、过道、走廊：这些地方经常有人走动，而没有或较少放置物品，可以摆设树形整齐而稍高大的木本植物，如垂叶榕等。（图 10-8）

图 10-8

2.客厅：作为会客、家庭团聚的场所，适宜陈列色彩较大方的插花，摆放位置应该在视觉较明显区域，可表现主人的持重与好客，使客人有宾至如归的感觉，这是家庭和睦温馨的一种象征；如果是在夏季，也可以陈列清雅的花艺作品，给人增添无比的凉意。常春藤能够吸收抽烟产生的烟雾，适合放在客厅。（图10-9）

图 10-9

3.餐厅：插花以黄色配橘色、红色配白色等有助于促进食欲的花色为宜，不宜选太艳丽的花朵。以鲜花为主的插花，可使人进餐时心情愉快，增加食欲。选择餐桌花卉时，需注意桌、椅的大小、颜色、质感及桌巾、口布、餐具等整体的搭配，一定注意色彩的呼应，另外注意花型大小以不妨碍对座视线的交流为原则。（图10-10）

图 10-10

4. 卧室：以单一颜色为主较好，花朵杂乱不能给人"静"的感觉，具体需视居住者不同情况而定。中老年人的卧室，以色彩淡雅为主，赏心悦目的插花可使中老年人心情愉快；年轻人，尤其是新婚夫妇的卧室不适合色彩艳丽的插花，而淡色的一簇花可象征心无杂念、纯洁永恒的爱情。吊兰、绿萝、铁线蕨等花草可净化空气，适合放在卧室。（图10-11）

图 10-11

5. 书房：插花点到为止最好，不可到处乱用，应该从总体环境气氛考虑才能称得上点睛之笔。插花也不必拘泥于以往的框框，不一定只是桌上、台上才能摆花，运用得当，墙面、天花板、屋角等都可利用。但不可过于热闹抢眼，否则会分散注意力，打扰读书学习的宁静。薰衣草、薄荷、茉莉能够振奋神经，适合摆放在书房里。（图10-12）

图 10-12

6. 厨房：原则是"无花不行，花太多更不行"。因为，厨房面积一般较小，有炊具、橱柜等设备，温度较高而且变化大，常有油烟和水渍，根据这些特点，应选一些适应性强的小盆观赏植物，如长春花、巴西铁树等。也可悬挂一些如吊兰、紫心草等吊篮植物在远离炊具、橱柜的地方。摆设布置宜简不宜繁，值得注意的是，厨房不宜选用花粉太多的花，以免开花时花粉散入食物中。（图10-13）

图 10-13

7. 卫生间、浴室：面积较小，湿度较大，通气较差，光线阴暗，放置真花真草的盆栽十分适合，湿气能滋润植物，使之生长茂盛，增添生气。可选用几种耐阴喜湿的蕨类植物，如铁线蕨、肾蕨、翠云草等，龟背竹、虎尾兰具有一定的杀菌消毒功能，刚好摆在卫生间。（图10-14）

图10-14

8. 楼梯：家里是别墅或楼中楼格局的楼梯布置，因为空间狭小，人上人下，不宜多放植物。如果楼梯较宽，有分段的平台，可以摆设几种小盆观叶植物，如铁树、虎尾兰、巴西铁树等。（图10-15）

图10-15

9. 天台、天井：家中大户或别墅的室内空间布置，因为光照充足，有直射阳光，风力较强，宜放置性喜阳光、适应性强、生长迅速的植物，如芦荟、四季海棠、落地生根、钮扣椒等。（图10-16、图10-17）

图10-16

图 10-17

四、空间花艺布置原则

家居花艺的陈列、创意与设计，主要包含客厅、卧室、餐桌、书房、厨卫以及阳台等空间。设计师在进行家居花艺陈列设计时，需要遵循在不同的空间中进行合理、科学的"陈列与搭配"，目的是打造一种温馨幸福的生活氛围。每个家居空间的花艺均有一定的设计原则，在空间、风格、技巧、创意等方面进行主题设计的基本原则有：

(1) 从空间"局部—整体—局部"角度出发，对室内家居进行空间结构规划；

(2) 针对家居的整体风格及色系，进行花艺的色彩陈列与搭配；

(3) 必须懂得运用花艺设计的技巧，将家居花艺的细节贯穿室内设计，保持整体家居陈设的统一协调；

(4) 要进行主题创意，使花艺与陶瓷、布艺、地毯、壁画、家具拥有连贯性，在美化家居环境的同时，提升家居陈设质量。

五、室内摆放植物的注意事项

1. 根据房间的不同功能选择和摆放植物。植物白天是光合作用，生产氧气，夜间植物呼吸作用旺盛，放出二氧化碳。

2. 根据房间面积的大小选择和摆放植物。植物净化室内环境与植物的叶面表面积有直接关系，所以，植株的高低、冠径的大小、绿量的大小都会影响到净化效果。一般情况下，10 平方米左右的房间，1.5 米高的植物放两盆比较合适。

3. 注意考虑植物的香、敏、毒、表皮伤害带来的影响。如夜来香、郁金香、五色梅等花的香味应该忌讳。一些花卉，会让人产生过敏反应。像月季、玉丁香、五色梅、洋绣球、天竺葵、紫荆花等，人碰触抚摸它们，往往会引起皮肤过敏，甚至出现红疹，奇痒难忍。有的观赏花草带有毒性，如含羞草、一品红、夹竹桃、黄杜鹃和状元红等。忌伤害的植物，比如仙人掌类的植物有尖刺，有儿童的家庭或者儿童房尽量不要摆放。另外为了安全，儿童房里的植物不要太高大，不要选择稳定性差的花盆架，以免对儿童造成伤害。

4. 考虑植物的需光性需求。阳性植物如凤仙花、鸡冠花、百日红等，阳光不足时后果是生长不良，枝条细弱，叶片黄瘦，花形小，花色不艳，香气不浓，果实不上色，失去观赏价值。适合位置应于南向阳台或南窗近窗明亮处放置，其他光线弱处只能做临时布置。阴性植物如文竹、兰科植物、蕨类、鸭拓草科等，光线过强和干燥的后果是鲜嫩的叶尖和边缘很容易干缩萎蔫变黄，破坏盎然的生机气象，适合位置是室内远离阳台、窗户的弱光线的阴暗处。中性植物如杜鹃、山茶、红背桂、五针松属半阴半阳性等，光线过强、过弱的结果是既不能忍耐强烈的阳光直射，也不能长时间放置于室内阴暗处养护，适宜位置是宜放在有散射阳光的明亮处。

第二节 节日花艺

不同的国度或民族都有其不同的生活文化，人们借着各种的节日方式，寻回生命中共同的记忆。如果能够了解各种生活文化，花饰设计必定能有其独到的特色。

一、春节花艺

春节是中华文化中最独特的一部分，累积了先民数千年智慧所传承下来的文化精华。此时的花艺陈设，除了将花卉神化之外，还赋予其特别的意义。在中国人传统观念里，春节花卉在祭祀上供、居住空间美化、拜访亲友等各种重要的场合扮演者重要的角色。松、竹、梅等时令花材和百合、红掌等带有喜庆意味的花材是这些节日的首选，以烘托吉祥、祥和、团结的节日气氛。（图10-18）

二、情人节花艺

二月十四日为西洋情人节，而农历的七月七日是被许多年轻人看作中国的七夕情人节。情人节一到，最受欢迎的花卉当数象征爱情的各色玫瑰花。自古以来，它替人们传达许多甜蜜的情感。爱花的人永远相信，每一种颜色的玫瑰花，诉说着各种不同的话语，替代多情的人们表达羞涩的浓浓爱意。（图10-19）

图 10-18

三、端午节花艺

为每年农历五月初五，又称端阳节、午日节、五月节、五日节、艾节、端五、重午、午日、夏节。菖蒲、艾叶、桃枝是此节日的常用花材。（图10-20）

图 10-19

图 10-20

四、中秋节花艺

中秋节是中国非常重要的民俗节庆，中秋赏月的活动由来已久，因此中秋节的花艺当然应该和"月"有关，人们相信月圆人亦圆，而中秋赏月之外的赏花意境更美，芒草、菊花、金花石蒜、桔梗、桂花等组合而成的浓郁应景花艺，是最贴合中秋的作品。（图 10-21）

图 10-21

五、重阳节花艺

农历九月九日，为传统的重阳节，又称"老人节"。重阳节早在战国时期就已经形成，到了唐代，重阳被正式定为民间的节日，此后历朝历代沿袭至今。重阳这天，所有亲人都要一起登高"避灾"，插茱萸、赏菊花。自魏晋，重阳气氛日渐浓郁，为历代文人墨客吟咏最多的几个传统节日之一。

图 10-22

六、圣诞节花艺

圣诞节已是一个国际性节日，每年的圣诞节来临之前，美丽、丰富的圣诞饰品装点着寒冷而热闹的圣诞夜。一般圣诞节的花饰，在取材上较着重冬季的花材，如：果实类的山归来、洛神果、千两、松果、干燥莲蓬、红色冬青木及其他野生果实类；叶材类偏向柏树或喷金、银的木本植物；花材类以盆栽的圣诞红、红色的各种花卉为主要选择；当然加上星星、蜡烛、灯光、缎带也是常见的组合形式之一。

配色以传统的红、白、绿为主色；插花技巧的表现以传统放射为主。（图 10-23）

图 10-23

七、特殊节日花艺

当人类物质生活达到某一程度的满足之后，必定会产生精神生活方面的需求，在很多的开幕酒会、生日宴会、庆祝会或儿童节等特殊的节日，鲜花的装饰让这特别的一天更有光彩与欢庆气氛。

⑴ 家庭聚会花饰：家庭聚会最好的迎宾方式，就是在居家适当的位置布置美丽的花饰，显示出主人的诚挚邀请。比如，在玄关处摆设牡丹、蝴蝶兰、小手球等迎宾花饰；在客厅的落地窗边，摆放吐露芬芳的香水百合等。（图 10-24）

图 10-24

⑵ 生日花饰：生日宴会的花饰设计，可依年龄、性别、社会地位等来做合适的设计，比如，在一个特别安排的祝寿会场，以一片片的石斛兰花瓣粘成寿桃的造型，配上大量的石斛兰，祝福寿星福如东海、寿比南山。

⑶ 儿童节花饰：在孩子生日或六一节这一天，用气球、玩具、糖果、蛋糕等孩子们最爱的物品，搭配鲜花，与孩子们同乐。（图 10-25）

第三节　艺术插花

根据用途大致可以分为礼仪插花和艺术插花。礼仪插花是指用于社交礼仪、喜庆婚丧等场合具有特定用途的插花。它可以传达友情、亲情、爱情，可以表达欢迎、敬重、致庆、慰问、哀悼等，形式常常较为固定和简单。艺术插花是指不特别的要求，具备社交礼仪方面的使用功能，主要用来供艺术欣赏和美化装饰环境的一类插花。插花还可以根据所用花材的不同分为鲜花插花、干花插花、人造花插花和混合式插花。根据大方向可分类：西洋式插花、东方式插花。东方式插花有中国插花和日本插花之分。日本的花艺依不同的插花理念发展出相当多的插花流派，如松圆流、日新流、

图 10-25

小原流、嵯峨流等各自拥有一片天地和与西洋花艺完全不同的插花风格，可以说是花艺界里具有影响力之艺术。西洋式插花以欧美国家为代表，它受西方建筑学、雕塑学以及色彩学、解剖学、透视学的影响，以规则的几何外形为导向，花繁叶茂，色彩浓艳热烈，极富装饰美，艺术风格明显。（图 10-26）

一、东方式插花

1. 东方传统插花艺术的风格特点

崇尚自然，高于自然；讲究意境，寓意于花；注重线条应用，造型挥洒自如。

2. 东方传统插花艺术的创作理念与法则

（1）符合植物自然生长规律

起把紧：插花时，各枝条的基部插口应集中靠拢，如一株生长着的植物，以显示其自然生机。（图 10-27）

表现花材自然美：如竹子的美在于其挺拔刚劲的气势，若创作中倾斜使用，就丧失了其内涵美。（图 10-28）

图 10-26

图 10-27　　　　　　　　　　　　　　　　　　　　　　　　　图 10-28

（2）借鉴同类艺术创作的艺术手法

① 重视线条的应用

常用木本枝条作为主要花材，运用枝条的不同线条形态表现不同的外延美与内涵美，使作品更加生动活泼，更富于艺术表现力。（图 10-29）

图 10-29

② 高低错落，参差有致

插花的位置安排不可太均匀对称、平齐成列，要高低俯仰，前后伸展，有所变化。（图 10-30）

③虚实结合，刚柔相济

a. 疏密有致，插花材料之间不可密不透风，也不要平均间隔，要上疏下密、上散下聚。

b. 浓淡适宜，花色太浓时宜用浅色小花使之淡化，材质太硬太重时，则宜加些轻柔的枝叶使之柔和。

c. 留空白，如盆景式插花，一侧布置插花，另一侧大片留下空白，使人有观赏和想象的余地。空白出余韵。（图10-31）

图 10-30

④呼应关系

注意花材的方向性，使材料在俯仰之间、顾盼之间互相联系，互相渗透，浑然融为一体，从而生机勃勃，开合自如。（图10-32）

图 10-31   图 10-32

⑤对比关系

通过对比，可以使素材之间互相比较，各自突出，或使作品的精华部分得以强调。有对比才能使构图显得生动活泼，不致平铺直叙。对比有高低、疏密、大小、虚实、色彩的对比等等。（图10-33）

⑥宾主关系

插花时要确立宾主关系，可使主题更为集中，避免因主次不明而造成散漫。主，是作品的中心内容。而宾则处于衬托的地位，无论从色彩、趋向，都是把主摆在显要的地位为目的。（图10-34）

（3）讲求意境，寓意于花，更赋命题

①意境：注重花材所表达的内容美，讲究借物寓意，以形传神，富于诗情画意。以秀丽多姿、清雅绝俗见长，这是西方插花所没有的。

②寓意于花：人们赋予花木象征的含义，以借花言志或抒发情怀，寓教于花。故有所谓花意与花语。花木象

图 10-33   图 10-34

征含义的由来有：以花名的谐音定意，以花木的形象定意，以花木的生长习性定意，按传说、时令定意。

③作品的命名与意境的表达。命名对插花作品的意境有着画龙点睛的作用，可引导欣赏者对作品的联想，与作者在情感上取得共鸣。

命名方式有两种：规定命题命名，先命名，然后再根据命名进行创作。（图10-35）

图10-35

自由命题命名，创作完成之后，根据其表现的题材、主题及意境等内容再命名，以花材的象征含义和特性来取名，如以竹、松、兰、菊、桂花等花材创作的"君子之尊"。（图10-36）

3.写景式插花的表现技法

⑴布局的要求：写景式插花讲求远景、中景、近景的安排。运用透视的角度用"远近法"来布置景物。多株布景时要分组处理，可分两组或三组。高矮各异，也不排列于同一直线上。（图10-37）

图10-36 君子之尊　　秋色正酣　　　　图10-37

⑵花材的选配：写实景基本忠实于自然景象，用景中之花材；写意景则用高度概括的手法来表现湖光山色、雪雨风霜等自然景象。（图10-38）

⑶容器和配件的陪衬：写景式插花使用的容器多是深度较浅而宽大的广口浅盆。写景时往往选用一些恰当的配件来烘托气氛、渲染景观。（图10-39）

图10-39

图10-38

⑷ 写意的表现技法：用概括的、抽象的艺术手法来表现自然，如用粗放的线条模糊地勾勒出景观的大致轮廓，似像非像，以引起人们的联想。（图 10-40）

图 10-40　归心似箭

4. 东方传统插花基本花型

⑴ 基本花型的结构

东方式基本花型一般都由三个主枝构成骨架，然后再在各主枝的周围，插些长度不同的辅助枝条以填补空间，使花型丰满并有层次感。

第一主枝决定花型的基本形态，如直立、倾斜或下垂。第二主枝一般与第一主枝使用同一种花材，使花型具有一定的宽度和深度。第三主枝：若第一、第二主枝用了木本花材时，则第三主枝可选草本花材。三主枝的另一种解释：第一主枝，花使令；第二主枝，花客卿；第三主枝，花盟主。简称为主、客、使。三主枝长度关系：第一主枝长度取花器高度与直径之和的 1.5~2 倍，第一主枝：第二主枝：第三主枝，或花使令：花客卿：花盟主大约为 7：5：3 或 8：5：3，花盟主（第三主枝）可做焦点花。从枝，是陪衬和烘托各主枝的枝条，其长度应比它所陪衬的枝条短，辅助于各个主枝的周围，数量根据需要而定，能达到效果即可。一般选用与主枝相同的花材，若三主枝都选择了木本的花材，则辅助枝应选草本花材。各枝条的相互位置和插枝角度不同，则花型就有所不同，可以变换出许多花型，增加作品的变化性。

⑵ 东方式常见基本花型

①直立型：第一主枝直立向上插入容器中，表现刚劲挺拔或亭亭玉立的姿态，给人以端庄稳重的艺术美。宜平视观赏。（图 10-41）

②倾斜型：将第一主枝向外倾斜插入容器中，生动活泼，富有动态的美感。宜平视观赏。（图 10-42）

③平展型：平展型是将第一主枝横向斜伸或平伸于容器中，着重表现其横斜的线条美或横向展开的色带美。（图 10-43）

④下垂型：将第一主枝向下悬垂插入容器中，多利用蔓性、半蔓性以及花枝柔韧易弯曲的植物，表现其修长飘逸、弯曲流畅的线条美，画面生动而富装饰性。（图 10-44）

图 10-41　和顺团圆　　　图 10-42　　　　　　　　图 10-43　醉世第一娇　　图 10-44

⑤合并花型（组景式插花）：合并花型是将两种相同或不同的花型组合为一体，形成一个整体的造型作品。（图 10-45）

⑥写景式插花：写景式插花是在盆内的方寸之间表现自然景色的一种插花形式。（图 10-46）

图 10-45

图 10-46　"幽静" 王路昌　作

5. 中国古典插花的花形及意念

我国从先秦的秉花、佩花、花束开始，到紧随之后的用容器以水养花的插花形式，有着悠久的历史，至唐宋年间，瓶（盆）插花逐渐成型，其花型可从哲理与意境方面分类，主要花型有以下几种：　理念花、心象花、自由花 、写景花 、篮花 。

⑴ 理念花：宋代"理学"兴起，提出了"天人合一"的哲理思想，人们将花人格化，以花的品格寓意人伦教化成风尚，故有"理念花"的花型。花型以瓶插花为主，木本枝条为主体，下部配以草花和叶，花材多以松、柏、竹、桂、山茶等名贵素雅并象征吉祥、具有君子风范的花材，影射人格、哲理。如用十种花则称十全。多见于宫廷或贵族的厅堂摆设，以显其权势威严和富有。（图 10-47）

⑵ 心象花：心象花盛行于元代，战乱年代的文人插花有禅悟之意。心象花与理念花决然不同，不是寓教于花，而是借花明志、借花消愁或表达内心的祈望，颇具抽象之艺术美。花材随意性颇大，诸如竹、桂、莲、佛手、灵芝等等富有象征性或具神韵者皆可入选。造型不固定，但多以直立或瓶插为主，以简洁、线条活泼居多，创作浪漫，不受拘束。（图 10-48）

⑶ 自由花：自由花乃典型的文人插花，如果说心象花具有禅意，则自由花更能表现文人的个性。历代著名的文人无不善于赋诗作画或挥毫书法，同时也对花草寄以深情，不少对插花都极有研究，并将画理与书法的架构布局的要领运用于插花中。自由花花型虽无定型，但有如画苑布置，追求自然神韵，起把紧密，以显生机。（图 10-49）

⑷ 写景花：写景花源自盆景栽植。以写实的手法重现大自然的景色，花材除棕榈、竹、荷等自然草木外，还常衬以奇石或小景物。多为浅盆插作，盛行于清代，花型都直立或并列。（图 10-50）

⑸ 篮花：用编织的篮子作容器来插花称为篮花，在中国古代十分流行。篮花造型自由、花型多变，很有特色，深受人们的喜爱。（图 10-51）

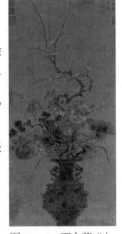

图 10-47　理念花"十全图"

图 10-48　仿元代心象花作品"福寿双全，平安连年"

图 10-49　清代文人插花

6.日本传统插花的主要花型

(1) 立华：立华是由佛前供花演变而来的，意为竖立着的花，具有超凡脱俗、严肃华贵的气质和造型。她以一种抽象性的意念，模仿自然山水，通过枝条的空间伸展，充分展示大自然的韵律美。（图10-52）

图 10-50

图 10-51 宋代篮花

(2) 生花：生花意即生长着的花，花型固定于三角形的构成，强调弯曲的技巧，以天、地、人三主枝来表现，称为副、体、真。三主枝的长短关系，取七、五、三的比例关系。真代表人，位居一瓶之中心，充实上部空间。副代表天，在真的腰顶处稍低的部位开始缓慢地向真的左后方伸出，是构图中段的枝条，来充实立体空间，表现草木的趣味与风情。体表示地，插在副的相对一侧，充实下段。（图10-53）

(3) 盛花：盛花意即盆里盛着花，受中国盆景的影响并吸收了西洋花艺的色彩。日本小原流创立了盛花的形式，把立华和生花那种点的插法改为面的插法，更贴近自然景色，简化了许多固定的程式，使插花便于推广普及。（图10-54）

(4) 自由花：受西方文化的影响，日本插花后起之秀草月流大胆摒弃了传统的插花程式和规范，要创造特异的花型，甚至使用非植物材料，尝试各种插法，于是创立了自由花，意即不受传统花型的位置和角度约束，可根据作者对花材的感悟灵机而作。（图10-55）

图 10-52

图 10-53

图 10-54

二、西方式插花

1.西方传统插花艺术的风格特点

(1) 用花量大，多以草本、球根花卉为主，花朵丰满硕大，给人以繁茂之感。

(2) 构图多用对称均衡或规则几何形，追求块面和整体效果，极富装饰性和图案之美。

(3) 色彩浓重艳丽，气氛热烈，有豪华富贵之气魄。（图10-56）

图 10-55

2.传统几何形插花造型设计的要求

⑴对花材的要求：几何形插花每件作品一般都要求有三类花材，即骨架花（线条花）、焦点花、填充花。（图10-57至图10-60）

图10-56

图10-57　1.骨架花；2.焦点花；3.填充花

图10-58　骨架花

图10-59　焦点花

图10-60　填充花

⑵ 对花器及花枝长度的要求：若花器不外露，无比例问题。如花器外露，花型为一个花器单位的 2 倍左右。（图 10-61）

⑶ 对花形的要求：

①外形规整，轮廓清晰。（图 10-62）

②层次丰富，立体感强。（图 10-63）

③焦点突出，主次分明，色彩和谐。

焦点突出，主次分明：花型重心在各轴线交汇点约 1/5 至 1/4 高度位置。花材较密集于此处，一些形状特殊或较大的花朵也应插在此处，成为花型的焦点。花叶的方向都以焦点为中心，逐渐按离心的规律向四周转移。上部的花朵向上，左右两侧的花朵则朝向相对，各向左右呼应。（图 10-64）

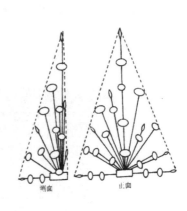

图 10-61 　　　　　　　　　　图 10-62

图 10-63 　　正面 　　　　　　侧面 　　　　　图 10-64

④色彩和谐：西方插花要求浓重艳丽，创造出热烈欢快的气氛。传统的插法是将各色花混插在一起，达到五彩缤纷的效果。（图 10-65）

3. 基本花型及插作技法

基本花型：对称式花型包括三角形、扇形、倒 T 形、半球形、水平形、圆锥形等，不对称式花型有 L 形、不等边三角形、弯月形、S 形等。（图 10-66）

图 10-65

插制方法与要点：首先插骨架花材、主花材，其次插焦点花，最后插填充花。

(1) 三角形是西方插花的基本形式之一。花型外形轮廓为对称的等边三角形或等腰三角形，下部最宽，越往上越窄，形似金字塔状。三角形结构均衡、优美，给人以整齐、庄严之感，适于会场、大厅、教堂装饰，置于墙角茶几或角落家具上。常用浅盆或较矮的花瓶作容器。（图 10-67、图 10-68）

图 10-66　　　　　　　　图 10-67

制作时先插直立顶点的花枝，而后插横向花材，构成三角形轮廓，最后插配枝、丛枝，完成构图。

(2) 扇形为放射状造型。花由中心点呈放射状向四面延伸，如同一把张开的扇子。它用于迎宾庆典等礼仪活动中，以烘托热闹喜庆的气氛，装饰性极强。

扇形设计是利用线形花材，先设定出扇形骨架，每一花材基本等长。而后再以块状花材或密而小的花材及叶片来添加补充。但作为骨架的线形花材要求形与色均统一，整体外形呈放射状整齐排列。（图 10-69）

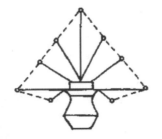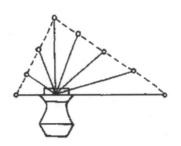

图 10-68　三角形基本花型意图

(3) 倒 T 形是单面观对称式花型，造型犹如英文字母 T 倒过来。插制时竖线须保持垂直状态，左右两侧的横线呈水平状或略下垂，左右水平线的长度一般是中央垂直线长的 2/3。插法与三角形相似，但腰部较瘦，即花材集中在焦点附近，两侧花一般不超过焦点花高度。倒 T 形突出线性构图，宜使用有强烈线条感的花材。（图 10-70）

图 10-69　　　　　　　　　　　　　图 10-70

⑷ 半球形，这是四面观赏对称构图的造型。插花的外形轮廓为半球形，所用的花材长度应基本一致，整个插花轮廓线应圆滑而没有明显的凹凸部分。半球形插花的花头较大。这种插花柔和浪漫，轻松舒适，常用于茶几、餐桌的装饰。（图10-71）

图 10-71

⑸ 水平形花型低矮、宽阔，为中央稍高，四周渐低的圆弧形插花体，花团锦簇，豪华富丽。多用于接待室和大型晚会的桌饰，是宴会餐桌或会议桌上最适宜的花型。（图10-72）

⑹ 圆锥形为四面观赏的对称花型。外形如宝塔，稳重、庄严。从每一个角度侧视均为三角形，俯视每一个层面均为圆形。其插法介于三角形与半球形之间。（图10-73）

图 10-72

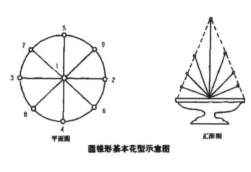

图 10-73

⑺ L形：这是一个不对称花型，适于摆设在窗台或转角的位置。与倒T形基本相似，但它左右两侧不等长，一侧是长轴，另一侧是短轴，强调纵横两线向外延伸。（图10-74）

⑻ 弯月形：造型奇特、优美，有强烈的流动感和曲线美，具有较高的观赏价值。此造型应选柔软花枝为宜，各个花枝均依据弧线来伸长，并按不同长短及方向安插，花枝不能相互交叉而破坏弧线形构图重心的完整。花器不宜太高，口部宽阔的花器最为合适。（图10-75）

图 10-74

图 10-75

⑼ S 形插花采用的花材以带有曲线状的较佳，花朵中间大、两头小逐渐过渡。花器宜选高瓶为妥。（图10-76）

第四节　居家风格与花艺搭配

1. 中式家居配饰风格——谦谦君子宁静致远

中式古典的装饰风格崇尚庄重和优雅，讲究对称美。色彩以红、黑两种为主，浓重而成熟。宁静雅致的氛围适合摆放古人喻之为君子的高尚植物元素，如兰草、青竹等。中式观赏植物注重"观其叶，赏其形"，适宜在家里放置附土盆栽。在屏风隔断处摆上一盆老树盘根的金弹子树桩头，或是在玄关处放置一处寒梅，都能将中式风格挥洒到极致。中国人讲求方正、平稳，叶片宽大的龟背竹、发财树正好体现这种气韵。中式气质的植物元素推荐：发财树、金弹子、龟背竹、君子兰。（图10-77）

图 10-76

图 10-77

中式田园是青竹香莲"大隐于市"。青竹矮墙的隔断，配上蓑衣草编的卷帘，以自然清新的民俗为特色的中式田园风格，给了很多都市人一片"大隐于市"的净土。把小型贵妃竹栽进人工的篱墙里，再在四周放上几盆兰花草，仿若隐居于竹林深处。若是家里有水池景观，种上香莲，营造出水芙蓉、芳泽隐隐之景，尘世烦恼顿时抛之脑后。中式田园气质的植物元素推荐：贵妃竹、兰草、梅、菊。（图10-78）

图10-78

2. 欧式家居配饰风格——花开富贵尽显华贵

欧式古典风格追求高雅的奢华感，这种华美的空间，很适合用花朵繁复的玫瑰、向日葵、非洲菊来衬托。比起中式气质的植物注重观叶，欧式风格更注重赏花盆，室内置花也以水养插花为主。古铜描花花瓶，再配插几枝百合、蔷薇，用清水换养。欧式气质的植物推荐：玫瑰、非洲菊、蔷薇。（图10-79）

欧式田园：营造温馨气息无处不在的碎花图案是很多人的欧式田园印象，碎碎的小花能把深咖啡色基调衬托得暖意浓浓。欧式田园气质的植物推荐：小雏菊、野菊花、藤蔓植物。（图10-80）

图10-79　　　　　　　　　　　　　　　　　　　　　　　　　　　图10-80

3. 现代简约家居配饰风格——绿树红花随心搭

现代简约风格的家居设计以简洁明快为主要特点，同时张扬个性，色彩和造型运用很大胆，是家居界的"百搭"风格，绿色植物的选择也没有那么多条条框框。现代简约气质的植物推荐：散尾葵、巴西木、吊兰、铁线蕨。（图10-81）

4. 地中海家居软装风格——热带花草吹过海洋风情

阳光、海滩、童话般美丽的地中海风情，是很多"80后"首选的设计风格。有了太阳般温暖的黄色墙壁，有了西班牙蔚蓝海岸般的桌椅，还想漂洋过海地把普罗旺斯的紫色香气带回家。那就在家里放上一盆薰衣草吧，金黄与蓝紫的花卉与绿叶相映成趣，形成一种别有情调的色彩组合。还有风信子、矢车菊、香豌豆花，这些热带植物都能让你置身于地中海充满花香的空气中。地中海气质的植物推荐：薰衣草、风信子、矢车菊、香豌豆花。（图10-82）

图 10-81

图 10-82

5. 美式田园家居配饰风格——常青植物打造浓情绿意

美式田园摒弃了古典欧式风格的烦琐与奢华，简洁明快。传统的美式田园家具多使用原木，常通过搭配很多不开花的绿叶植物来衬托绿意。美式田园气质的植物推荐：地毯海棠、绿萝、绿巨人。（图 10-83）

6. 东南亚家居配饰风格——蕉叶椰香尽显泰式风情

精雕细琢的泰式图案、烛火营造的氤氲、风中飘来的阵阵熏香，都是东南亚风格内在柔美的绝佳体现。在装有少量水的托盘或者青石缸中洒上玫瑰花瓣，打造东南亚水飘花的浪漫就这么简单。当然还需要在雕木坐榻的一角放几株有一定高度的绿色植物，才有热带风情的真正内涵，类似芭蕉叶状的滴水观音就是最好的选择。东南亚气质的植物推荐：滴水观音、旅人蕉、天堂鸟。（图 10-84）

不同植物的空间陈设布置各异绿色植物不仅能够装扮设计风格，放在居室里还有益于身心健康。但香味过于浓烈的夜来香、容易引起皮肤过敏的天竺葵、有毒性的夹竹桃等，不适合作为室内景观盆栽。

图 10-83

图 10-84

11

第十一章 软装饰设计元素之工艺饰品

　　空间的配饰除了家具、地毯、窗帘、墙纸、灯具、画品、花艺几大类外，还有些装饰空间区域的工艺饰品，主要是各种空间的桌面的摆件等。包含：餐厅、客厅、卧室、书房、厨卫等空间的陈列工艺饰品，如瓷器、玻璃器皿、金属制品、木制工艺饰品等多种陈列物。在现代的空间配饰设计执行过程中，当符合设计意图的家具、灯具、布艺、画品等摆设选定后，最后一关是加入工艺饰品，在室内空间的设计中，工艺饰品的作用举足轻重。工艺饰品搭配的好坏，它能够直接影响到居室主人的心情，引起心境的变化；同时工艺饰品作为可移动物件，具有轻巧灵便、可随意搭配的特点，不同工艺饰品间的搭配，能起到不同的效果；优秀的工艺饰品甚至可以保值增值，比如中国古代的陶器、金属工艺饰品等，不仅能起到美化的效果，还具备增值能力。

第一节 工艺饰品分类

　　工艺饰品根据材质的不同可以分为以下几类。

一、陶瓷品

1. 中国陶瓷

⑴ 中国五大名窑

　　① 钧瓷，北宋著名瓷窑之一。窑址在今河南省禹州市城内的八卦洞。钧窑利用铁、铜呈色的不同特点，烧出蓝中带红、紫斑或纯天青、纯月白等多种釉色，以蛋白石光泽的青色为基调，具有乳浊而不透明的效果。钧瓷的又一特征是釉面上常出现不规则的流动状的细线，称"蚯蚓走泥纹"。钧窑瓷器是中国历史上的名窑奇珍，品种繁多，造型独特，以瑰丽异常的钧釉名闻天下。其成就在于釉中加入铜金属，经高温产生窑变，使釉色以青、蓝、白为主，兼有玫瑰紫、海棠红等，色彩斑斓，美如朝晖晚霞，被誉为"国之瑰宝"，在宋代就享有"黄金有价钧无价"、"纵有家财万贯不如钧瓷一片"的盛誉。（图11-1）

图11-1

② 官瓷，官窑是宋代五大名窑之一，窑有南北之分。据文献记载，北宋末徽宗政和至宣和年间（1111—1125年），在汴京（今河南开封），官府设窑烧造青瓷，称北宋官窑。宋室南迁杭州后，在浙江杭州凤凰山下设窑，名修内司窑，也称"内窑"。后又在今杭州市南郊的乌龟山别立新窑，即郊坛下官窑。以上统称南宋官窑。官窑以烧制青釉瓷器著称于世。主要器型有瓶、尊、洗、盘、碗，也有仿周、汉时期青铜器的鼎、炉、觚、彝等式样，器物造型往往带有雍容典雅的宫廷风格。其烧瓷原料的选用和釉色的调配也甚为讲究，所用瓷土含铁量极高，故胎骨颜色泛黑紫。器之口沿部位因釉垂流，在薄层釉下露出紫黑色，俗称"紫口"；又底足露胎，故称"铁足"。宋代官窑瓷器不仅重视质地，且更追求瓷器的釉色之美。其厚釉的素瓷很少施加纹饰，主要以釉色为装饰，常见天青、粉青、米黄、油灰等多种色泽。釉层普遍肥厚，釉面多有开片，这种开片

图 11-2

与同期的哥窑有很大不同，一般来说，官窑釉厚者开大块冰裂纹，釉较薄者开小片，哥窑则以细碎的鱼子纹最为见长。（图11-2）

③ 定瓷，宋代北方著名瓷窑。窑址在河北曲阳涧磁村。始烧于晚唐、五代，盛烧于北宋，金、元时期逐渐衰落。北宋定窑以烧造白釉瓷器为主，装饰方法有划花、刻花、印花和捏塑等。纹饰以莲花、牡丹、萱草为常见，画面简洁生动。定窑除烧白釉外还兼烧黑釉、绿釉和酱釉。造型以盘、碗最多，其次是梅瓶、枕、盒等。

图 11-3

常见在器底刻"奉华""聚秀""慈福""官"等字。盘、碗因覆烧，有芒口及因釉下垂而形成泪痕之特点。（图11-3）

④ 汝瓷，宋代五大名窑之一，为冠绝古今之中国瓷器名窑。窑址在今河南省宝丰县清凉寺，宋时属汝州，故名。汝窑以烧制青釉瓷器著称，宋人叶寘在《坦斋笔衡》中记载："本朝以定州白瓷器有芒不堪用，遂命汝州造青窑器，故河北唐、邓、耀州悉有之，汝

图 11-4

州为魁。"可见汝窑是继定窑之后为宫廷烧制贡瓷的窑场。其器物多仿青铜器及玉器造型，主要有出戟尊、玉壶春瓶、胆式瓶、樽、洗。胎体细洁如香灰色，多为裹足支烧，器物底部留有细小的支钉痕迹。釉色主要有天青、天蓝、淡粉、粉青、月白等，釉层薄而莹润，釉泡大而稀疏，有"寥若晨星"之称。釉面有细小的纹片，称为"蟹爪纹"。汝窑烧宫廷用瓷的时间仅20年左右，约在北宋哲宗元祐元年（1086年）到徽宗崇宁五年（1106年），故传世品极少，被人们视为稀世之珍。（图11-4）

⑤ 哥瓷，宋代五大名窑之一，这里所说的哥窑是指传世的哥窑瓷。其胎色有黑、深灰、浅灰及土黄多种，其釉均为失透的乳浊釉，釉色以灰青为主。常见器物有炉、瓶、碗、盘、洗等，均质地优良，做工精细，全为宫廷用瓷的式样，与民窑瓷器大相径庭。传世哥窑瓷器不见于宋墓出土，其窑址也未发现，故研究者普遍认为传世哥窑属于宋代官办瓷窑。长期以来，人们主要是根据文献记载和传世实物对其进行研究。南

宋人叶寘的《坦斋笔衡》明确指出南宋官办瓷窑有两个：一是郊坛下官窑，其窑址已在杭州乌龟山被发现；另一个是修内司官窑，其窑址至今未发现。有学者根据刊于明洪武二十年的曹昭的《格古要论》中对修内司官窑特征的记载，认为传世哥窑即宋代修内司官窑。（图 11-5）

图 11-5

（2）中国现代主要陶瓷产区分布及特点

中国的陶瓷产业具有悠久的历史，但陶瓷的现代化进程却不足 30 年的历史。尤其是中国的建筑陶瓷产业，只是在近 10 年的时间内才得到快速发展的。中国的国土面积差不多相当于欧洲的面积，所以陶瓷产

业分布的跨度比较大。目前，中国的建筑陶瓷企业主要分布在华南的广东佛山、福建晋江、华东上海周边、山东中部，以及近几年才兴起的东北沈阳、华南的江西中西部、华西的四川夹江地区、河北等几大陶瓷产区。这些产区的年产量已达 25 亿平方米，占了全球总产量的一半左右。以广东佛山最为有代表性，产量占到中国建筑陶瓷产量的 60% 以上。以下是几个主要的分布地区。

广东佛山：佛山陶瓷源远流长，已有 5000 多年的历史。20 世纪 80 年代从意大利引进了第一条国外建筑陶瓷生产线，佛山陶瓷产业开始进入规模化、产业化的阶段，发展速度不断加快，技术水平不断提高。目前，陶瓷已发展成为佛山主要传统支柱产业之一。创作特色是在手法上充分吸收了国画写意笔法的精髓，强调概括和夸张。重神似，具有造型生动传神，釉彩浑厚朴实的特点。其陶塑题材，既有源于现实生活的，又有取材于神话传统的表现形式，有写实和夸张的不同手法，陶质运用上有素胎和上釉两大类型，是极具地方特色的艺术品种。

图 11-6

山东淄博：淄博是中国五大瓷都之一，是全国重要的陶瓷产地。淄博陶瓷生产目前已形成了六大基地：出口陶瓷基地，高档宾馆用瓷基地，高级玻璃陶瓷耐火材料基地，装饰材料基地，建筑陶瓷基地，高新技术基地。淄博陶瓷被誉为"第三代国瓷"，进入中南海、人民大会堂、钓鱼台国宾馆，畅销国内著名宾馆、饭店及世界 70 多个国家和地区，平均每三个美国人就有一人在用淄博陶瓷。（图 11-6）

景德镇：景德镇是中外著名的瓷都，制瓷历史悠久，文化底蕴深厚。景德镇尤以青花、粉彩、玲珑、颜色釉四大名瓷著称于世。景德镇享有"白如玉，薄如纸，声如磬，明如镜"的美誉。郭沫若先生曾以"中华向瓷之国，瓷业高峰是此都"的诗句来盛赞景德镇灿烂的陶瓷历史和文化。是中国首批 24 座历史文化名城中唯一一座以生

图 11-7

产陶瓷而著称的古老城市。景德镇自五代时期开始生产瓷器，至今已经走过了千年的发展历程。这里千年窑火不断，景德镇手工制瓷工艺的所在区域主要是景德镇市城乡各地。景德镇的制瓷工艺继承了传统的技法，吸收和借鉴了国内外的精华，使陶瓷制作达到了一个又一个的高度。（图11-7）

　　福建泉州：福建泉州德化县是我国著名的陶瓷产区，也是外销瓷器的重要基地。德化瓷业已有一千多年的悠久历史。瓷器质地洁白坚硬，工艺精良、造型雅致，色泽莹润。远在宋、元时代就进入国际瓷坛，蜚声海内外。曾与江西景德镇、湖南醴陵并称为中国"三大瓷都"。

　　湖南醴陵："天下名瓷出醴陵"。早在清末，"白如玉、明如镜、薄如纸、声如磬"的醴陵陶瓷闻名海内外，堪称醴陵一绝，被誉为"东方陶瓷艺术的高峰"。湖南醴陵是仅次于景德镇的我国第二大瓷城。醴陵生产的釉下彩瓷器瓷质细腻，造型新颖，装饰绚丽，以其独特的风格驰名中外，被誉为东方艺术的明珠。在我国瓷器发展史上，湖南窑创烧的釉下五彩瓷具有重要的地位。

　　河北唐山：唐山地区煤藏丰富，作为陶瓷器原料的耐火矾土，硬质、软质（可塑）黏土以及石英、长石等无机非金属矿产资源充裕，是理想陶瓷产区。唐山陶瓷器装饰技术和风格对北方陶瓷产生较大影响，首创了氢氟酸腐蚀出花纹再填描金色的雕金装饰和用喷枪或喷笔作画的喷彩装饰等。唐山陶瓷以白玉瓷、骨灰瓷及玉兰瓷三者品质最佳，属高档瓷。（图11-8）

图11-8

　　江苏宜兴：宜兴紫砂壶可以说是海内皆知，宜兴紫砂土的可塑性极好，入窑后不易变形，适宜制作成各种形制优美、颜色古雅的艺术珍品。在当今的陶瓷器界，紫砂陶以它特有的工艺和美学价值成为人们购买和收藏的宠儿。（图11-9）

图11-9

　　其他比较著名的陶瓷产区还有广东石湾和枫溪、河北邯郸等。

2. 外国陶瓷

　　源自于中国的古老瓷器在古董市场上确实风光依旧，在国际高端市场上的现代瓷却名不见经传，甚至沦为廉价的日常用品。但欧洲人用近代科学的光环加持，迅速仿制了中国的瓷器工艺，并进行了中国至今难以企及的改良。英国的韦奇伍德陶瓷、荷兰阿比阿陶瓷、法国爱马仕陶瓷、匈牙利赫伦陶瓷等都成了世界一流陶瓷的代名词。从这些世界顶级奢侈品的发展历程来看，早已脱离了日用品范畴的这些欧洲的"奢瓷"们，无不十分注重自身的品牌维护和开发，它们中有专供皇室使用而制造的，也有限量版进入了博物馆珍藏的。在收藏家眼中，它们的升值潜力不亚于古董和名画；而在收藏迷眼中，它们的价值绝不低于豪宅和名车。

（1）英国的韦奇伍德陶瓷

韦奇伍德（Wedgwood），又译作维支伍德，世界上最精致的瓷器，品位的代名词。品牌创始于18世纪，产品受到全球成功人士及社会名流的推崇，曾为俄国女沙皇叶卡捷琳娜二世专门制作餐具，著名的"罗马波特兰"花瓶现藏于大英博物馆，已经成为英国的国宝。

1793年英国使团出使中国，韦奇伍德瓷器也是献给乾隆皇帝的礼物之一。韦奇伍德骨瓷器皿以动物骨粉为主要原料，耐力惊人，四只咖啡杯就可以托起一辆十五吨重的运土车。韦奇伍德陶瓷品质高贵，质地细腻，风格简练，极富艺术性。优美雅致具有古典主义特征的设计，一直是韦奇伍德陶器产品的风格。直到今日，许许多多精美的韦奇伍德产品依旧完美诠释着这一品牌的传统内涵。乔赛亚·韦奇伍德被誉为"英国陶瓷之父"。大不列颠百科全书对他的评价是："对陶瓷制造的卓越研究，对原料的深入探讨，对劳动力的合理安排，以及对商业组织的远见卓识，使他成为工业革命的伟大领袖之一。"乔赛亚去世后，其子孙继承祖辈的事业，始终使韦奇伍德位于世界陶瓷领导品牌地位。而韦奇伍德这个品牌，也成了世界上最具英国传统的陶瓷艺术的象征。（图11-10）

图11-10

（2）荷兰陶瓷

荷兰的白底蓝陶瓷（Delft Blue）是广为世人所知的荷兰国宝典范。而古城代尔夫特正是该精致工艺的发源地。其实荷兰的瓷器与中国有着很深的渊源。16世纪末，荷兰踏入黄金时期，当时其海外贸易如日中天。荷兰东印度公司努力扩张亚洲市场，当他们看到中国的精美瓷器便认定要引入回国。可是1647年到1665年间中国大陆内战不断，以致荷兰东印度公司商人无法取得中国的瓷器来满足大量的需求。于是代尔夫特的陶瓷业者便把握机会，开始仿造能以假乱真的中国式青花瓷，后经改良发展出独具一格的"蓝陶（Delft Blue）"。其中皇家代尔夫特是从17世纪至今最具规模的陶瓷工厂，不仅吸收了中国瓷器的釉质特点和染蓝技术，还借鉴了日本彩画的画法，创出具有荷兰特色的精美图案，秉承着历经几世纪磨炼的工艺，而且至今仍以完全手工的方式制作瓷器。随着时光的流逝，它由原来普通的代尔夫特蓝瓷已逐渐发展为著名的荷兰品牌的特产。目前皇家蓝瓷的大众产品线中还是传统荷兰风格的最受欢迎，比如郁金香花瓶，

木鞋和风车这样典型"荷兰标志"的工艺品。（图11-11）

图11-11

⑶ 法国陶瓷

法国Gien陶瓷首创于1821年，为法国和欧洲其他国家的皇室家族、宫廷卫队、亲王世家以及名门望族提供精美奢华的餐具。1989年Gien成为COMITE COLBERT（法国精品行业联合会）的成员，跻身顶级奢侈品品牌行列。

1821年，英国人Thomas Hall想将英国优秀的制陶技巧引入法国，并融入法国的艺术文化。其出品的陶瓷餐具和装饰品都以丰富图案配衬夺目色彩，令餐桌顿成艺术画廊。Gien在陶瓷界一直稳坐尊贵地位，原因在于百多年来都坚持宁缺毋滥之道，每年只会推出六至八款新图案，以确保质素。每款新图案背后均需要六个月至一年创作及研究，而新形状的产品更可能要花上两年或更多的时间，可见Gien严谨及一丝不苟的态度。Gien能独当一面的另

图11-12

一原因，是坚持传统之余，不会墨守成规。Gien 穿梭于传统与创新之间，随时向富有创意的想法敞开大门，与来自世界各地出色的艺术家及设计师合作，如卢森堡皇室的室内设计师 Isabelle de Borchgrave、爱马仕美术设计师 Valerie Roy、著名室内设计师 Andree Putnam，以及国际顶级餐厅设计师 Patrick Jouin 等，设计出令人眼前一亮、别具收藏价值的艺术品，令其超然地位更上一层楼。一直以来，Gien 的陶瓷制作分成三个系列，分别是经典餐桌用具（Classical Table Service）、最受欢迎产品（Best Sellers），以及艺术作品（Art Objects）。经典餐桌用具是一系列的日常餐桌用具，特点是将以往的传统经典 Gien 图案，加入全新现代的元素，成为每年的新设计。最受欢迎产品是一系列不同用途的产品，包括礼品、甜品餐具及茶具，用上流行的色彩及形状作设计蓝本。艺术作品是一系列富浓厚艺术味道、全以人手绘画及上色，并且属于限量发行的作品。（图 11-12）

⑷ 匈牙利赫伦陶瓷

Herend 陶瓷创始于 1826 年靠近布达佩斯的小村庄赫伦，是世界三大手绘瓷器厂之一，至今为止仍然按照传统手工艺方法，利用手工成型和上漆制造陶瓷。独特和熟练的漆匠均是由工厂自办的学校培养出来的，其中最优秀的还需要参加许多手工艺课程之后才能够变成技艺师（master），他们的专业知识在特别的产品中更加以具体化。所有产品上除 Herend 陶瓷工厂的商标之外，创造者的签名也使陶瓷变得更加独特。Herend 陶瓷是匈牙利众所周知的工艺品。是一般许多居民家中平日的装饰。其瓷器餐具因为多层次的手绘技法，而拥有各式各样明亮耀目的色彩，题材上则深深受到古典欧洲与中国风格的影响，图案取材以大自然的花、飞鸟、蝴蝶为主，并散发独特的东方色彩，即使百年后还是会为它感到骄傲。（图 11-13）

图 11-13

⑸ 日本陶瓷

日本陶瓷产业非常兴盛，占了日本所有传统产业的 50%。整体来说，日本陶瓷产业的未来趋势，仍以精致的实用设计为主，尤其三年举办一次的日本美浓国际陶艺竞赛中，历届以来设计类获奖者几乎是日本人的天下，而且水准颇高，可见日本在陶瓷设计上着墨之深。除此之外，日本也将工业用精密陶瓷视为决定未来竞争力前途的高科技产业，生产的先进陶瓷元件已占据了国际市场的主要份额。不断地创新高科技陶瓷材料及应用，使日本在化学工业、石油化工、食品工程、环境工程、电子行业中开展出更广阔的发展前景。（图 11-14）

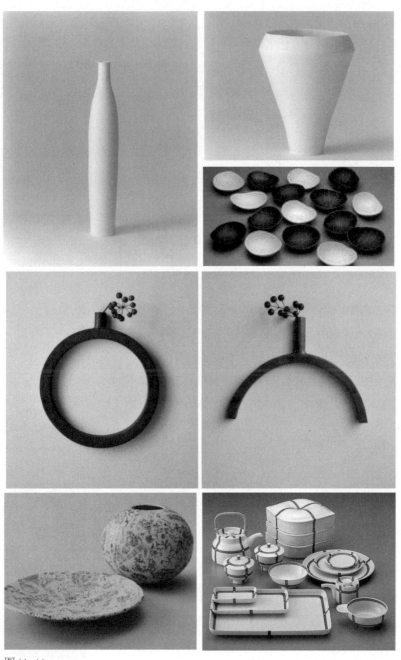

图 11-14

二、树脂工艺饰品

树脂工艺饰品又指实用艺术化的物品（如小装饰物），用树脂粉按比例依照配出的原料，手工劳动制成的产品。小型的树脂工艺饰品一般的原材料是：固定树脂，石粉或其他任何粉类原料，如仿大理石产品，可用树脂粉、大理石粉，再加上颜料即可。大型的树脂工艺饰品一般的原材料是：树脂、石粉、色膏。中空可以填充树脂废料，大型树脂产品一般为树脂废料填充。树脂如今已经用在各种领域，用树脂制作家具、地板、摆件、装饰用品等产品已经成为21世纪的主流，用树脂做工艺饰品亦成为热门行业，做出来的工艺饰品不仅在造型方面可以做出各种各样的形态，还在色泽方面也能做出很多颜色。它的制作工艺简单，而且在造型方面美观逼真。目前市面上主要有仿金、仿银、仿水晶、仿玛瑙、仿琉璃、仿大理石、仿铜仿骨雕、仿砂岩、仿汉白玉、仿玉、仿象牙、仿大理石、仿红木、仿陶、仿木等树脂工艺饰品。（图11-15）

图 11-15

三、玻璃、水晶、琉璃工艺饰品

1. 玻璃工艺饰品

玻璃是一种较为透明的固体物质，在熔融时形成连续网络结构，冷却过程中粘度逐渐增大并硬化而不结晶的硅酸盐类非金属材料。玻璃艺术品是指融入了艺术家的创见与思想的、反映现代生活的，具有艺术价值、装饰价值、人文价值、收藏价值的玻璃制品。具有灵巧、环保、实用的材质特点，还具有色彩鲜艳的气质特色，适用于室内的各种陈列。（图11-16）

图 11-16

2. 天然水晶工艺饰品

天然水晶是一种颇受人们喜爱的宝石，它和玻璃的外观十分相似，但却是两种完全不同的物质。在现代的工艺制品中多被冠以玄学理念，这方面设计师要仔细分辨，合理利用。（图11-17）

3. 人造水晶工艺饰品

人造水晶其实是在普通玻璃中加入24%的氧化铅得到的一种亮度和透明度与天然水晶非常类似的晶体，现在高端的人造水晶全部采用无铅技术，造就了众多世界品牌，如摩瑟（MOSER）、施华洛世奇（SWAROVSKI）、巴卡拉（BACCARAT）、圣路易（SaintLouis）、珂丝塔（KOSTA BODA）等。（图11-18）

图 11-17

图 11-18

4. 水晶玻璃工艺饰品

水晶玻璃是介于水晶与玻璃之间，同样采用纯手工的技法，把天然无铅的玻璃原料打造成水晶般高级工艺饰品，但它并不是水晶产品。产自捷克的 24K 镀金水晶玻璃工艺饰品是这一领域最好的典范。（图 11-19）

5. 琉璃工艺饰品

玻璃工艺饰品是指用低熔点的玻璃制成的工艺饰品。又称料器。

采用各种颜色的人造水晶为原料，用水晶脱蜡铸造法高温烧成的艺术作品称为琉璃工艺饰品。由于对光

图 11-19　　　　　　　　　　　　　　　　　　　　图 11-20

的折射率高，造就了琉璃工艺饰品的晶莹剔透、光彩夺目。琉璃在佛教中被冠以七宝之首。（图 11-20）

四、金属工艺

金属工艺是中国工艺艺术的一个特殊门类，主要包括景泰蓝、烧瓷、花丝镶嵌、斑铜工艺、锡制工艺、铁画、保定铁球、金银工艺饰品等。用金、银、铜、铁、锡、铝、合金等材料或以金属为主要材料加工而成的工艺饰品统称为金属工艺饰品。金属工艺饰品风格和造型可以随意定制，以流畅的线条、完美的质感为主要特征，几乎适用于任何装修风格的家庭。（图 11-21）

图 11-21

五、木制工艺饰品

木制工艺饰品以各种木头为主要原料，有机器制作，有纯手工制作，有半机器半手工制作，做工精细，设计简单，风格各异，色泽自然，新颖别致。

从古至今，木制工艺饰品由于木材质稳定性好、艺术性强、无污染且极具保值性，深受人们的喜爱和推崇。传统木制工艺饰品主要以浮雕为主，匠人们采取散点透视、鸟瞰式透视等构图方式，创作出布局丰满、散而不松、多而不乱、层次分明、主题突出、故事情节性强的各种题材作品。如今随着时代的变迁，木制工艺饰品在保留传统工艺的基础上派生出许多的门类，木制工艺饰品已经不仅仅是手工雕刻的一种技艺了，可分为如下几类。从制作工艺上来分：纯手工制作、机器制作、半机器半手工制作。从产品用途上来分：木纸巾盒、木首饰盒、相

图 11-22

框、镜框、木质玩具、礼品盒、家居摆挂饰、挂钟、花盆容器、木雕工艺饰品、木制灯等。从木材原料上来分：桐木、杨木、楝木、松木、橡木、椴木、桦木、密度板、多层合板等。木制工艺饰品回归自然的主题，处处体现了人情味浓郁的视觉和装饰效果，是配饰设计师主要选择的装饰产品之一。（图 11-22）

六、其他工艺饰品

1. 工艺蜡烛

工艺蜡烛是一种在燃烧时产生各种颜色火焰的蜡烛，由主燃剂、发色剂和其他助剂组成。发色原理是依照某些金属离子或其化合物在受热时，分子中的电子受高温作用，偏

图 11-23

离了原来的轨道，形成跃迁运动。电子在跃迁运动时放出原来储藏的能量，而发出各种光泽，光的颜色取决于物质的辐射光谱。（图 11-23）

2. 香薰精油

香薰精油是指由花、叶、水果皮、树皮等所抽出的一种挥发性油，称它为精油。它有植物特有的芳香及药理上的效果。香疗精油约有 200 种之多，有单一不含香料，也有混合和香料而成。（图 11-24）

3. 烛台

照明器具之一，是指带有尖钉或空穴以托住一支蜡烛的无饰或带饰的器具，也可以指烛台上的蜡烛。有些容器

同样能够起到烛台的作用，比如像放飘蜡的玻璃器皿，点蜡熏精油的小香炉，经过处理的竹筒等。（图11-25）

图11-24

图11-25

第二节　不同风格工艺饰品选择

一、新古典主义风格家居工艺饰品

工艺饰品在新古典主义风格的室内也必不可少，要和整体色调搭配，除了家具之外，几幅具有艺术气息的油画，复古的金属色画框，古典样式的烛台，剔透的水晶制品，精致的银制或陶瓷的餐具，包括老式的挂钟，电话和古董，都能为新古典主义的怀旧气氛增色不少。（图11-26）

二、美式风格家居工艺饰品

美国人喜欢有历史感的东西，在装修上偏爱各种仿古墙地砖、石材，在配饰摆件上亦喜爱仿古做旧的艺术品。还要重点提出的是，在美式宽敞而富有历史气息的客厅空间里，花是极具代表性的元素，它们具有独特的乡村气息，只需看上一眼，自由奔放、温暖舒适的感觉就会涌上心头。自由、随意、休闲、浪漫和多元化是美式风格的重要特点，在工艺饰品的选择上重视自然元素与欧罗巴的奢侈、贵气相结合；另外实木类具有深厚文化感和贵气感的相框、小碎花床品、褐色的木质画框能凸显美式空间的纯正风格，铜制的台灯更丰富了整个居住空间。美式风格营造的是一种休闲、淡雅、小资的氛围，所以陈设品在数量上宜多不宜少，空闲的位置要记得采用工艺饰品充实。在工艺饰品的陈列上要注意构建不同的层次，重在营造历史的沉淀和厚重感，比如，落地的大叶植物与精致的桌面小盆景搭配，小烛台和半高台灯搭配。（图11-27）

图 11-26

图 11-27

三、新中式风格家居工艺饰品

新中式风格选择工艺饰品时，最大的特色就是耐看，百看不厌，所选择的工艺饰品要在符合主色调的基础上，尽量将现代元素和传统元素结合在一起，以现代人的审美需求来打造富有传统韵味的"现代禅味"。再有中式风格的客厅家具多用木桌木椅，为了摒除木桌的单调乏味，经常会在桌面上覆一条纹饰精美的桌旗，这种工艺饰品一般由上等的真丝或棉布做成，让人感受到古老而神秘的东方文化。新中式风格是在传统中式风格中演化而来的，要在传统的中国黄、蓝、黑和深咖色中选择主色彩，但只能确定一种主色调。注意不要过多地采用中式传统的繁复形式进行装饰，点缀使用回纹等中式风格里经常出现的元素，就可以让空间散发出古色古香的中式气氛。简单、恰到好处的配饰更能体现中式风格的典雅大方。传统的摆件，如文房四宝、瓷器、画卷、书法、茶座、盆景（盆景宜选用松柏、铁树等矮小、短枝、常绿、不易凋谢的植物）和带有中式元素（如花、鸟、鱼、虫、龙、凤、龟、狮等图案）的摆件，这些深具文化韵味和独特风格的工艺饰品，最能体现中国传统家居文化的独特魅力。中式风格工艺饰品在陈列时候尤其要注意呼应性，中式讲究合美原则，例如漂流木的摆件和装饰花艺相呼应，陶瓷的罐子和具有节奏感的花艺相搭配，能使整个书房充满韵律。工艺饰品的选择上注意材质不要过多，颜色也不要太多。总之，空间不要过多留白，又不能过度拥挤，恰到好处是中式风格设计的重要原则。（图11-28）

图 11-28

四、现代风格家居工艺饰品

现代风格选择工艺饰品时，要遵循简约而不简单的原则。这种风格配饰尤其要注重细节化，因为在这种风格设计中，工艺饰品数量不多，每件工艺饰品都弥足珍贵。现代风格的客厅家具多以冷色或者具有个性的颜色为主，工艺饰品通常选用金属、玻璃等材质，花艺花器尽量以单一色系或简洁线条为主。黑白灰是现代简约风格里面常用的色调，无论采用哪种主色彩，都不得掺杂多余色彩。现代简约风格非常注重收纳性，除必要外露的装工艺饰品外，能简化和收纳的一定不要过多地展现出来。现代工艺饰品基本特点是简洁、实用，在选择工艺饰品时，要求少而精。不同材质、同样色系的艺术品在组合陈列上进行有机搭配，在不同位置运用灯光的光影效果，会产生一种富有时代感的意境美。还可以采用些有自然质地色彩的摆件，以达到点睛的效果。（图 11-29）

图 11-29

五、波普风格家居工艺饰品

波普风格家居工艺饰品不仅仅局限在时装上面，只要与设计有关的都可以波普，家居也不例外。最初将波普运用到室内，是色彩夺目的墙面色彩图案，夸张的装饰造型，但随着设计理念的不断进步，人们发现长时间处于这种绚丽颜色的空间中，会造成情绪波动、烦躁不安，因此摒弃了如此大面积的强烈色彩在家居空间中的出现，逐渐由软装饰、小物件所替代。如简约的室内空间中，靠垫、布艺沙发的浓烈色彩和夸张造型，最为抢眼的亮点，避免了"视觉疲劳"，设计独特又不乏功能性的装饰画、工艺饰品也为家居增色不少。（图 11-30）

图 11-30

六、地中海风格家居工艺饰品

主要以手工质地、铁质铸造等工艺饰品装饰。这类风格主要追求质朴自然、惬意宁静的一种回归的感觉，不需要精雕细琢，自然流畅的曲线造型。马赛克、贝壳、小石子等装饰物的点缀，阳光、大海、沙滩、岛屿仿佛呈现眼前。（图 11-31）

图 11-31

第三节　不同空间的工艺饰品选择

一、客厅工艺饰品选择

客厅在人们日常生活中使用最为频繁，它集会客、娱乐、进餐等功能于一体，是整间屋子的中心。客厅的陈列工艺饰品必须有自己的独到之处，也就是要彰显个性，通过软装配饰来表现"个性差异化"是最好的方式，合适的工艺饰品，如字画、坐垫、布艺、摆件等，都能展示出主人的身份地位和修养。根据客厅风格不同，选择的工艺饰品也各不相同。客厅在选择工艺饰品时，要选择符合硬装和家具主基调的工艺饰品，所选工艺饰品从简单到繁杂、从整体到局部，都要给人一丝不苟的印象。不同风格的客厅，每一个细小的差别都能折射出主人不同的人生观、修养及品位，因此设计客厅时要用心，要独具匠心；墙上配上一幅与摆设和家具风格、色彩呼应的装饰画，整个客厅就灵动起来了；茶几上可摆放一些类似果盘、茶具、纸巾盒等既有装饰性又实用的摆件，再摆上一盆与壁画色彩、风格呼应的装饰花艺就可以点亮整个空间，给客厅增加温馨感；边几上放一盏与沙发风格统一的台灯，再配几个小相框即可；电视柜上摆上高低错落的摆件，增加层次感，颜色需与沙发配套的布艺一致；根据客厅体量和放置工艺饰品的承载面大小来选择工艺饰品，工艺饰品只是点缀物，精则宜人，杂则繁乱。（图11-32）

图11-32

二、餐厅工艺饰品选择

餐厅是人们最常用的室内空间之一，在这个空间内的活动能很好地帮助人们增进感情，选择一套与空间设计风格相匹配的优质餐具，摆放一套璀璨的酒具，再搭配些精致的布艺软装，都能衬托出主人高贵的身份、高雅的爱好、独特的审美品位及高品质的生活状态。（图 11-33）

图 11-33

一套造型美观且工艺考究的餐具可以调节人们进餐时的心情，增加食欲。餐具根据使用功能大致可以分为盘碟类、酒具类和刀叉匙三大类。

（1）盘碟类

餐具从功能上分为：盘、水杯、杯碟、咖啡杯、咖啡壶、茶壶等。盘子在整个餐桌上具有领导作用，所以选择合适的餐盘是至关重要的。通常用的餐盘有 5 个尺寸：一般为 15cm 的沙拉盘，18cm、21cm 的甜品盘，23cm 的餐盘及 26cm 的底盘。餐盘虽然有不同的设计，但形状基本就是圆形、方形、椭圆形或者八边形等。餐具从图案上分为传统、经典和现代风格三种。传统风格为人所熟知，它的装饰效果远胜于实用效果；经典风格的图案不易过时，一般不会跟室内布置或食物形成不协调的效果；现代风格则反映当代最新的潮流，要么采用简约线条，要么采用当下最流行的图案做装饰。（图 11-34）

图 11-34

（2）酒具类

我们这里说的酒具主要指的是西方酒具，一般西方酒具以玻璃器皿为主，主要包括各式酒杯及附属器皿、醒酒器、冰桶、糖盅、奶罐、水果沙拉碗等，玻璃器皿形状多种多样，可根据选择的家具风格、餐具款式进行挑选。（图 11-35）

葡萄酒杯　　　　　白兰地酒杯　　　　　香槟杯　　　　　威士忌杯　　　　　利口酒杯

图 11-35

（3）刀叉匙类

西餐对刀叉的要求同样非常讲究，多以18—19世纪银匠传统的设计为工艺依据，结合现代设计的平实、简单、富有现代感的形状制作，整体造型典雅、图案优美。一套一人份的基本刀叉匙包括：餐刀、叉、匙，材质主要有不锈钢、镀金、镀银等，设计师在选择银器时候要依据选择的餐具款式、餐厅的风格等进行仔细挑选。（图11-36）

图 11-36

三、卧室工艺饰品选择

所有空间中最为私密的地方无疑是卧室，配饰设计师在布置这个空间的时候要充分分析主人的喜好，在满足主人喜好的基础上，创造各种风格环境。巧妙利用专属于卧室的工艺饰品，能轻易地为卧室空间增添非常多的情趣和色彩。根据卧室风格不同，选择的工艺饰品也要各具特色。

沿用一些客厅的色彩和风格元素，避免风格断层，让卧室与客厅的风格、气质达到统一；工艺饰品运用考虑不能太满，体量也不需要过大，要留出足够大的卧室空间，避免拥挤的感觉；充分考虑工艺饰品的收纳功能和展示美观性，良好的收纳功能能第一时间俘获业主的心；卧室工艺饰品的颜色要有利于主人的休息，米色、卡其色、驼色、浅粉色都是可以选择的。（图11-37）

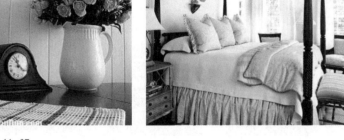

图 11-37

四、书房工艺饰品选择

书房既是家居生活环境的一部分，又是办公场所的延伸，书房的双重性使其在家庭环境中处于一种独特的地位，陈列的工艺饰品既要考虑到美观性，更要考虑到实用性，很大程度上书房的陈列彰显着主人的身份地位、道德修养和文化品位。书房需要配备的工作用途工艺饰品有：台灯、笔筒、电脑、书、书靠、时钟等；书房需要配备的装饰用途工艺饰品有：绿植、艺术收藏品、画、烛台、相框等；为了确保能集中精力学习、工作，书房配饰色彩，建议不要太扎眼；工艺饰品的摆放要求要上下、左右、里外、毗邻的两个空间互相连接，所有工艺饰品的选择要有一定的系统性，使整个空间具备整体感，和谐统一。（图11-38）

图11-38

五、厨房工艺饰品选择

民以食为天，厨房在家庭生活中起着重要的作用。在软装实际操作中，设计师往往把精力集中在客厅、餐厅及房间的设计上，厨房工艺饰品往往是一笔带过，并不会引起足够重视，其实设计师如果希望能做出令人满意的成套作品，好好规划厨房才是明智之举。讲究实用性与美观性并重，工艺饰品风格选择上，依据餐厅的风格进行配置，

避免出现风格上的断层；再小的厨房也要配置齐全：锅、壶、砧板、糖罐、调味罐，花艺、刀具等都

需要精心搭配；明丽的色彩搭配会更让人享受烹饪，惬意和享受是新时代厨房的主题，所以，色调上我们可以尽量多考虑使用秋天色彩，比如，枫叶的红、丰收的金、落叶的黄；厨房工艺饰品的选择尽量考虑实用性，要考虑在美观基础上的清洁问题；厨房工艺饰品还要尽量考虑防火和防潮，玻璃、陶瓷制品是首选，一些容易生锈的金属类工艺饰品尽量少选。（图11-39）

图11-39

六、卫生间工艺饰品选择

在实践中，最会被设计师遗忘和忽略的地方无疑要数卫浴空间了，其实卫浴空间对于提升家居档次能起到重要作用。在国外，卫浴空间的陈设是否科学合理和有品位，直接标志着主人生活质量的高下，而酒店卫浴空间的陈列直接影响到酒店的品质，甚至会影响酒店的星级评定。基本上以方便、安全、易于清洗及美观得体为主；不要放弃在卫浴空间调节气氛，一些香薰蜡烛能达到很好的效果；卫浴空间潮气较重，手绘类油画和金属类会生锈的材质尽量不要用，镜面装饰画和陶瓷类防水工艺饰品比较适合；需要考虑到毛巾、浴巾等棉质物的陈列，采用玻璃搁板会比不锈钢材质搁板更合理和实用，并减少后续维护的时间。（图11-40）

图 11-40

参考文献

[1] 吴林春. 家具与陈设 [M]. 北京：中国建筑工业出版社，2005.

[2] 潘吾华. 室内陈设艺术设计 [M]. 北京：中国建筑工业出版社，2006.

[3] 吴亚峰. 家具与陈设 [M]. 南京：东南大学出版社，2012.

[4] 文健. 室内方案设计专题 -- 室内空间设计 [M]. 北京：北京交通大学出版社，2013.

[5] 视觉营销：（英）摩根著，毛艺坛译. 橱窗与店面陈列设计 [M] 北京：中国纺织出版社，2014.

[6] 鲁道夫·阿恩海姆；滕守尧译. 视觉思维——审美直觉心理学 [M]. 成都：四川人民出版社，2005.

[7] 威托德·黎辛斯基；谭天译. 金屋、银屋、茅草屋：人类营造舒适家居生活简史 [M]. 天津：天津大学出版社，2007.

[8] 林玉莲，胡正凡. 环境心理学 [M]. 北京：中国建筑工业出版社，2006.

[9] 袁熙旸. 新现代主义设计 [M]. 南京：江苏美术出版社，2001.

[10] [美] 安·麦克阿德；杨玮娣译. 简约主义 [M]. 北京：中国轻工业出版社，2002.

[11] 潘鲁生，董占军. 现代设计艺术史 [M]. 北京：高等教育出版社，2008.

[12] Abbe,Mary. Kitchen Artistry. Star Tribune,Section F,July30,2006.

[13] 郑曙旸. 室内设计思维与方法 [M]. 北京：中国建筑工业出版社，2003.

[14] 刘森林. 世界室内设计史略 [M]. 上海：上海书店出版社，2001.

[15] 罗小未. 外国近现代建筑史 [M]. 北京：中国建筑工业出版社，2004.

[16] 李砚祖，装饰之道 [M]. 北京：中国人民大学出版社，1993.

[17] 大智浩. 设计色彩知识 [M]. 尹武松译. 南京：科学普及出版社，1986.

[18] 卡罗琳·布鲁默. 视觉原理 [M]. 张功钤译. 北京：北京大学出版社，1987.

[19] Fry,R.Negro sculpture.In R.Fry,Vision and Design,1996.

[20] John Wiley.Regenerative Design for Sustainable Development. Lyle,1994.

[21] John Jakle, Soft Decoration[M], The Jones Hopking University Press, 2001.

[22] mary V.knackstedt .Interior design stules.shanghai.2004

[23] 艾若. 巴洛克风格在上海装修中的运用 [J]. 建材与装修情报，2009（8）.

[24] 王阳阳 . 浅谈巴洛克风格在室内设计中的应用 [J]. 产业与科技论坛, 2011 (18).

[25] （美）米奈 . 巴洛克与洛可可 [M] . 桂林: 广西师范大学出版社, 2004.

[26] （英）伍德福德 . 剑桥艺术史 [M]. 南京: 译林出版社, 2009.

[27] 李晖 . 情感的力量——鲁本斯与巴洛克艺术 [J]. 美术大观, 2007.

[28] 李超 . 明清风格家具在现代居住空间中的融合性研究 [D]. 长沙 : 中南林业科技大学 ,2011:9-10.

[29] 卓千晓 . 浅析室内软装饰中的窗帘搭配 [J]. 美与时代 ,2013:113-114.

[30] 参考网站 : 中国装饰网 .

[31] 参考网站 :Home-Designing.

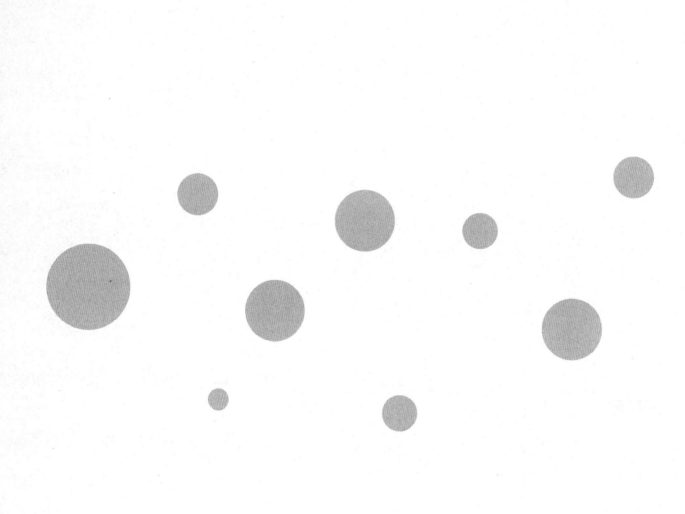